本书由"十四五"国家重点研发计划项目"健康住区环境监测评价和保障关键技术研究与示范（项目编号：2022YFC3803200）"课题"基于数字孪生的居住环境健康综合评价与管理服务云平台研发（课题编号：2022YFC3803203）"课题经费资助。

U0176703

健康住宅解析

国家住宅与居住环境工程技术研究中心　编著

中国建筑工业出版社

图书在版编目（CIP）数据

健康住宅解析／国家住宅与居住环境工程技术研究
中心编著．—北京：中国建筑工业出版社，2023.11
ISBN 978-7-112-29161-8

Ⅰ．①健…　Ⅱ．①国…　Ⅲ．①住宅—建筑设计—中国
Ⅳ．①TU241

中国国家版本馆 CIP 数据核字（2023）第 176225 号

责任编辑：毕凤鸣
责任校对：李美娜
校对整理：赵　菲

健康住宅解析

国家住宅与居住环境工程技术研究中心　编著

＊

中国建筑工业出版社出版、发行（北京海淀三里河路9号）

各地新华书店、建筑书店经销

华之逸品书装设计制版

北京中科印刷有限公司印刷

＊

开本：787 毫米×1092 毫米　1/16　印张：14　字数：244 千字

2023 年 10 月第一版　　2023 年 10 月第一次印刷

定价：**56.00** 元

ISBN 978-7-112-29161-8

（41880）

本书编委会

主　编：张　磊　田俊平

各章节作者：
第1章：胡文硕
第2章：梁咏华　吕晓璐　王自强
第3章：杨凯歌　刘美红　张曙光
第4章：邵燕妮　张兴运　王　雪
第5章：刘贵利

序言

——以"健康中国"理念指引健康住宅发展

国家住宅与居住环境工程技术中心从1999年一直致力于健康住宅的研究，目前已经建立了完整的健康住宅建设和评价体系，并在全国范围内以住区为载体开展健康住宅试点建设工作和评价工作，建设面积近5000万平方米，检验和转化健康住宅研究成果，推广成套技术，完善理论体系，为科技成果的产业化起到了示范引导与推广的作用。

现阶段，我国人民的居住环境有很大改善，但人民日益增长的美好生活需要和不平衡、不充分的发展之间的矛盾仍然显著。解决这些矛盾，就要以健康中国战略为指引，把健康居住理念融入住宅设计、施工、验收和运维全过程。

一是树立"大健康"理念。人在住宅停留的时间占生命的50%以上，特别是老年人和儿童停留时间更长。没有全方位、全周期的住宅健康环境和服务，是发展不充分的居住环境，满足不了百姓对美好生活的需要，更谈不上支撑健康中国建设。住宅领域应该有两方面：全方位健康环境包括居住环境的健康、空气质量的健康、饮用水方面的健康和疾病预防、生命安全、无障碍设施等等；全周期的健康服务包括与建筑生命有关的住宅生命周期，家庭不同生命阶段的健康需求，是满足健康需求更广泛、健康追求更高、健康诉求更多元化、可持续的服务。

二是要加快有效供应。我国居住健康极不平衡，发展健康住宅，满足老百姓舍得在健康方面花钱的需求，还需对居住功能不完善的住房进行提升。我国健康住宅处于起步阶段，从长远来看，企业和机构研发投资健康住宅大有可为。

三是绿色环保发展。低碳的生活方式通常就是健康的生活方式，健康住宅更注重生态环境与人相互作用，引导人们形成绿色健康的生活行为。我国住宅产业发展的方向是建设绿色低碳的好房子，传统方式的住宅建设往往以消耗能源和不可再生的资源为代价，对自然、生态、社会造成污染。健康住宅致力于良好的生态环境，比如在社区规划多样性的本地植物，选择无毒材料和低环境影响的技术措施等，既绿色生态又对居民健康有利。

四是要推动共建共享。健康住宅是跨专业、跨领域的多功能复合型地产，要在产能结合方面做文章，在老龄化社会、儿童健康上创新，与互联网、大数据、人工智能互相融合，与现代服务业配套服务，在健康住宅方面展开跨界合作、产业链上下游合作。

2022年底，中央经济工作会议明确指出要坚持稳字当头、稳中求进，强调加强各类政策协调配合，并作出"要确保房地产市场平稳发展""支持刚性和改善性住房需求"等一系列部署。2023年1月，就住房和城乡建设部在落实会议精神方面有何总体考虑，住房和城乡建设部部长倪虹在接受新华社记者采访时表示要真抓实干，提升住房品质，让老百姓住上更好的房子，是房地产市场高质量发展的必然要求。提高住房建设标准，打造"好房子"样板，为老房子"治病"，研究建立房屋体检、养老、保险三项制度，为房屋提供全生命周期安全保障。健康住宅无疑是好房子的必要条件。

2023年，新时局下，经济正全面回暖，市场投资信心逐步恢复，政策利好凸显，为房地产行业健康创新发展和品质崛起提供了新契机。住宅的功能和品质将是房地产业进入后开发时代中最为重要的任务之一。通过绿色低碳、健康舒适、高品质等性能技术提升，相关科技的融入，才能更好地满足人民对美好生活的需求。我们要把建设健康住宅作为提升居住环境方面的重要内容，让老百姓从"有房住"向"住好房子"、住得健康转变，让人、建筑、环境三方面和谐发展。

本书的出版恰逢其时，梳理了健康住宅研究与发展历程，用具体案例分析了健康住宅外部环境、健康住宅室内环境、健康住宅建造技术应用、城市更新背景下住区与住宅的健康化改造，从理论到实践解析了健康住宅对于"健康中国"的重要意义，健康住宅关乎我们每个人的健康。期待更多的开发企业、施工建设单位、医养康复机构、运动健康机构、信息化智能企业等加强合作，推动健康住宅产业全面发展。

刘志峰

2023年9月

前言

五千年的华夏文明源远流长，我们的祖先深知安居方能长久的道理。黄帝宅经有云："故宅者，人之本。人以宅为家，居若安则家代昌吉"，可见中国自古就对人、家庭的幸福安康与住宅的关系有清晰的认识，并通过千百年的探索与沉淀，形成了适合中国各地气候与生活习惯的传统民居建设经验。拥有适宜的居所是人的基本需求，也是人类生存和发展必不可少的物质条件。当前，全球城市人口超过半数处于不适宜人类居住的环境中。在中国，随着城市化的快速推进，作为世界上最大的发展中国家，既享受飞速发展所带来的红利，又同时遭遇发展中的众多矛盾，人居环境面临着严峻的考验，不仅是空间的拥挤、资源的短缺，还有环境的污染、文化的碰撞。城市化所处的时代背景和特殊国情，使我国比其他国家在城市化快速发展时期面临的形势更加严峻，问题更加复杂，任务更加艰巨，其中包括快速城市化中的城市宜居性、环境污染给人居环境带来巨大压力、健康人居技术储备不足、规划不科学不合理等问题。不可否认的是，大规模、粗放的住房建设方式和高密度的居住条件，使得现代住宅无法充分保障居民的身心健康。不论室内还是室外，居住环境中影响居民健康的隐患和风险随处可见。在人民日益关注住宅对人身心健康影响的现阶段，住宅从规划、设计、建造、管理等全方位面临升级转型，为老百姓造更健康、更质优、更实用的好房子是住宅全产业链共同面临的任务。因此，大力发展健康住宅产业，进一步完善城镇功能，改善城镇居住质量，提升城镇综合承载能力，促进经济发展和社会和谐，具有十分重大的意义，健康人居事业任重道远。

国家住宅与居住环境工程技术研究中心自20世纪90年代末，联合建筑学、社会学、医学、心理学和公共卫生学等领域专家，开展跨学科、跨领域的居住与健康相关研究与实践，不断完善健康住宅的技术、建设和评价标准体系，并进行了3000余万平方米的健康住宅试点工程建设。尽管中国健康住宅建设规模与中国年竣工住宅7亿平方米相比显得非常渺小，但对于中国健康住宅技术体系与建设模式的建立，起到了决定性作用，同时也确保了中国在此领域与国际并行研究的地位。国家住宅与居住环境工程技术研究中心在引导健康住宅建设二十余年的历程中，得到了社会各界尤其是业内同行与用户的认可，得到了健康住宅专家委员会专家们不离不弃的支持，在此深表谢意。令人欣喜的是，住宅健康性能已经成为房地产开发建设领域关注的热门，技术研究特征方面也从单一技术点向完善系统的体系研究转变。时至今日，健康住宅已经进入了蓬勃发展时期。居民也对自身的健康居住权日益重视，尤其是国家提出了"健康中国2030"的宏伟目标，必将让健康住宅在中国大地遍地开花，让住房回归"住"的本意，让居住者安全、健康！

　　健康住宅是人民实现健康美好生活的空间载体，"以人为本"的核心价值是健康住宅建设技术体系与其他建设技术体系最明显的不同。中国虽已有二十余年健康住宅研究基础，但是受经济发展条件、人民认知程度、研究专业壁垒等因素影响，健康住宅理论研究与评价体系发展相较国外还有一定差距。面对政策经济环境变化、健康住宅发展加速、理论研究基础薄弱、居住健康需求升级、现行体系亟待改进等问题，提出更符合中国社会经济发展与国民健康需求痛点的健康住宅建设技术体系，对完善健康住宅研究的理论创新与实践创新、提供健康住宅研究与发展的思路、推进我国健康住宅产业向好向快发展、满足新时代的健康住宅新需求、提升人民健康福祉，具有重大意义。本书深度解析健康住宅建设技术在中国的应用与发展，希望对读者有所启发，为健康住宅的研究与实践提供更多的借鉴。期盼社会各界携手推动健康住宅建设，共筑健康中国梦！

目录

第3章 健康住宅室内环境 / 061

第4章 健康住宅建造技术应用 / 137

第5章 城市更新背景下住区与住宅的健康化改造 / 171

第1章

健康住宅研究与发展

1.1 我国健康住宅发展历程

1.1.1 研究背景

当前，我国城市人居环境正面临多重挑战：空气污染、水质污染、噪声污染、温室效应、热岛效应等极端问题严重影响国民身心健康。习近平总书记在党的十九大报告中提出了健康中国战略，战略指出："没有全民健康，就没有全面小康"。《"健康中国2030"规划纲要》《关于促进健康服务业发展的若干意见》和《国务院关于加快发展养老服务业的若干意见》（国发〔2013〕35号）等相关文件对"健康中国"战略提出了具体要求，统筹布局和加快推进健康产业科技发展，打造经济发展新动能，促进未来经济增长，引领健康服务模式变革，支撑健康中国建设。《国务院关于实施健康中国行动的意见》（国发〔2019〕13号）提出"建设健康环境的部署"，推进健康城市、健康村镇建设。《绿色建筑创建行动方案》明确强调：提高住宅健康性能，结合各地实际，完善健康住宅相关标准，提高建筑室内空气、水质、隔声等健康性能指标，提升建筑视觉和心理舒适性。推动一批住宅健康性能示范项目，强化住宅健康性能设计要求，严格竣工验收管理，推动绿色健康技术应用。进入后疫情时代，住宅面临"科技升级、健康迭代"的新挑战。随着房地产市场进入新常态，房地产企业必须进一步创新商业模式、优化业务结构、升级产品品质，以应对消费者对住宅品质不断提高的要求。面对气候与环境的日益恶化，除了要以可持续发展的眼光看待工业生产活动之外，还应以构建健康人居环境为目标不断改善生存环境品质。国家战略与政策的强力支持推动房地产行业向快向好发展，在构建房地产市场健康发展长效机制的背景下，融入健康住宅理念，提升产品核心竞争力的重要性越发凸显，加大健康住宅研究力度势在必行。

随着居民对健康认知的不断深化，以及对美好生活需求的不断提升，居住需求早已由安全性、适用性等基本需求，逐步走向舒适性、健康性等高品质需求。进入21世纪，我国经历了2002年SARS肺炎疫情以及2019年底开始的新冠疫情两次重大公共卫生安全事件，促进居民的健康风险意识得到了大幅度提升。当今居民的居住健康需求主要集中在空气、水质、声环境、光环境等与人体生理健康直接相关的物理环境层面，而数字化、信息化的生活方式，导致人们处于过快的生活节奏、过高的生存压力以及逐渐冷漠的人际关系等问题中，这就衍生出如精神良好、归属感提升、获得尊重等与人们心理环境息息相关的健康需求。此外，《中国居民营养与慢性病状况报告（2020年）》中显示：高血压、心脏病、糖尿病等慢性疾病的发病率逐年呈上升趋势，这也是现代人不良的生存环境与生活方式所导致的。结合居住者的健康需求与体验痛点，引导健康的生活方式，解决存在的问题，健康住宅的发展路径应迎合新时代的健康住宅新需求。

随着2016年年底的中央经济工作会议首次提出"房住不炒"的核心思想开始，住宅商品回归了居住的属性，人们也开始愈发关注居住品质相关问题。然而，随着我国城镇化率的不断升高，居住健康相关问题也愈发明确，部分突出的问题亟待解决，如户间噪声干扰、厨房串味、卫生间反味等，这些问题不仅对居住者的生活品质造成影响，对居住者的健康造成严重影响，也为未来我国住宅的发展明确了方向：不断提升住宅的健康性能及居住品质，为居住者提供舒适、健康的居住环境，满足人民对美好生活的向往。因此，有必要对影响居住健康的关键因素进行深入研究，优化健康人居建设技术体系，为提升我国住宅的健康性能提供数据与工具支撑，促进我国房地产业平稳健康发展，进而提升人民福祉。建设健康住宅是房地产行业贯彻"融健康于万策"的根本途径，也是房地产行业高质量发展的迫切需求。

健康住宅是人民实现健康美好生活的空间载体，"以人为本"的核心价值是健康住宅建设技术体系与其他建设技术体系最明显的不同。我国虽已有二十余年健康住宅研究基础，但是受经济发展条件、人民认知程度、研究专业壁垒等因素影响，健康住宅理论研究与发展相较国外还有明显差距。面对政策经济环境变化、健康住宅发展加速、理论研究基础薄弱、居住健康需求升级、现行体系亟待改进等问题，我们更应明确健康住宅发展路径，提出更符合我国社会经济发展与国民健康需求痛点的健康住宅建设技术体系，对完善健康住宅研究的理论创新与实践创新、提供健康住宅研究与发展的思路、推进我国健康住宅产业向好向快发展、迎合新时代的健康住宅新需求、提升人民健康福祉，具有理论与现实意义。

1.1.2 理论研究

住宅是人们起居活动、生活保障的刚需建筑，是人们得以实现美好生活的空间载体。无论是空气、光照、噪声、温度、湿度等通过身体所感知的物理环境，还是交往环境、安全环境、文化环境、健身环境、归属感等通过精神所感知的心理环境，均对人们的生理、心理、道德和社会适应等方面产生系统性影响。一项源于日本学者的研究显示：通过改造住宅的围护结构，提升其在保温与隔声等方面的性能，并通过将冬季室内温度控制在18℃以上以及采取机械通风措施以提高室内空气质量等方法，可有效减少某些疾病的发病率，如脑血管类疾病发病率从1.4%下降到0.2%，糖尿病发病率从2.6%下降到0.8%，心脏病发病率从2.0%下降到0.4%，而关节炎发病率也从3.9%下降到0.4%，高血压发病率从8.6%下降到3.6%。从上述成果数据以及国内相关领域研究来看，以促进使用者健康为首要目标而设计建造的健康住宅，在实际使用中可切实降低居住者的健康风险，消除或减少相关健康隐患与损害，实现从居住环境影响出发，促进人体健康的最终目标。

国际上对于"居住与健康"的讨论由来已久，早在20世纪50年代，美国和日本等发达国家已率先进行居住环境对人体健康影响的研究，并试图通过相应技术手段改善居住环境品质，以达到降低使用者某方面健康风险的目标。1988年，世界卫生组织（WHO）首次定义了健康住宅的概念，从此，世界各国对居住与健康相关问题的研究也进入快速发展期。我国自1999年开始，由国家住宅与居住环境工程技术研究中心牵头，联合建筑学、社会学、医学、心理学和公共卫生学等领域专家，开展跨学科、跨领域的居住与健康相关研究，于2001年颁布国内首个居住与健康领域相关成果：《健康住宅建设技术要点》（2001年版），并以此为主要技术指导，在全国范围内开展健康住宅试点示范工程实践，总结技术经验，开展居住与健康实态调查，了解居住者所最关注的健康痛点，进行有针对性的科研攻关，不断完善健康住宅建设理论体系。为了规范我国健康住宅科学化、体系化、可持续发展，累计开展140余项居住健康专题技术研究，先后发布《健康住宅建设技术要点》（2002年版和2004年版）、《健康住宅建设技术规程》CECS179（2005年版和2009年版）、《住宅健康性能评价体系》（2013年版）和《健康住宅评价标准》T/CECS 462—2017。

人与建筑和谐共生是住宅建设发展的目标。从意识到居住环境与健康的相关问题到计划通过技术手段加以解决，从居住与健康的科学研究到理论与实践相结合，从基于建筑本体环境开展研究到基于居住者体验与健康痛点开展研究，我国健康住宅发展历经二十多年，并趋于成熟。现阶段，住宅健康性能已成为房地产开发建设领域关注的热点，技术研究特征也从单一技术点向完善系统的体系研究转变。时至今日，健康住宅已进入蓬勃发展期。

1.1.3 工程实践

1.健康住宅试点示范工程

自2001年起，国家住宅与居住环境工程技术研究中心以《健康住宅建设技术要点》为指导，以居住小区为空间载体，采用"设计建造评估、建设过程跟踪、建成环境评价"的全过程管理思路，在全国范围内开展健康住宅试点示范工程建设，建立试点项目建设全过程技术支撑与跟踪管理的实践机制，并以建成环境实测数据和业主满意度调查数据作为住宅健康性能考核的主要依据，并以实践经验的总结和积累，不断完善理论研究。20年的健康住宅理论与实践研究，催生出众多优秀的项目案例。

（1）奥林匹克花园（一期）项目位于北京市朝阳区东坝，以"在运动中享受健康生活"为宗旨，以奥林匹克文化为底蕴，将文化、体育、健身和健康有机融入现代社区生活中。在设计理念、体育规划、社区文化定位等方面均体现出"科学运动，健康生活"的主体特征。具体实施措施包括：小区内设置健康运动城，建立健康中心，引入健康管家，将居住人群按年龄层次区分并分别设置适合的户外活动区，开展"奥林匹克"教育，促进社区健康文化建设，营造健康优先、守望相助的和谐邻里氛围（图1.1-1）。

（2）金地格林小镇项目位于北京亦庄经济技术开发区，用地面积25万 m^2，总建筑面积30万 m^2，容积率1.21，绿地率47%。项目核心理念是将环境延伸至居住生活空间，以期通过环境设计达到人与自然和谐统一的目标。用地周边环境清幽，远离城市喧嚣，使格林小镇项目既有朴实自然的居住休憩氛围，又有居住区的多元、活力与生机（图1.1-2）。

2.HiH健康标识（住宅）项目

历经20年的研究与实践，已确定住宅全生命周期所涵盖的居住与健康性能指标及实施措施。总体来看，系统地协调、管理影响居住环境健康性能的环境、行为、服务等因素，为居住者提供全方位的健康保障，是建立健康住宅建设体系和评价体系的目的。同时，健康指标的确立还与最新的科研成果、行业技术发展和人们的可支付能力有关。为将设计师和开发商主导的健康住宅建设惯例转化为

图1.1-1　奥林匹克花园健康住宅项目

图1.1-2　金地格林小镇健康住宅项目

以居住者的健康体验为导向的建设本质，引导和鼓励人们选择健康住宅，2019年起，国家住宅与居住环境工程技术研究中心与国家住宅科技产业技术创新战略联盟联合启动HiH健康标识（住宅）评价工作。

HiH健康标识（住宅）评价是以《健康住宅评价标准》T/CECS 462—2017为

基本依据，以计划、在建和已建成的住宅项目为评价对象，以提升住宅项目健康性能为目的的系统性评价工作，具有机构权威性、技术系统性、操作灵活性、成果针对性以及推广全面性。截至2022年12月31日，全国已有48个项目分别获得全项或专项的HiH健康标识（住宅），我国健康住宅理念与技术的推广速度得到进一步提升（图1.1-3）。

图1.1-3 HiH健康标识

获得HiH健康标识（住宅）的项目中，"宁夏中房玺悦湾"全面系统地凸显了健康住宅的性能，该项目位于宁夏回族自治区银川市金凤区，依托用地先天优势，将自然景观引入社区空间，真正做到自然环境与人工空间的有机融合。项目在规划初期认真贯彻健康住宅理念，精细化关怀是本项目的核心原则，通过以生活的角度体验、观察和发现居住者的需求，建立、健全多方位的服务和反馈渠道，便于广泛收集项目有关客户需求，推进项目和谐、有序、健康发展。项目在规划体系、景观体系、套型体系、精装体系、科技体系、建材选用、精细化管理、智能化体系、健康可持续等方面尽力做到最好，为居住者营造出十分细腻的健康居住空间。该项目于2020年12月通过综合评价，获得全项铂金级HiH健康标识（住宅），这也是自HiH健康标识（住宅）评价工作开展以来，全国首个获得铂金级标识的项目（图1.1-4）。

1.1.4 中国健康住宅发展大事记

中国健康住宅发展大事记时间轴（图1.1-5）。

图1.1-4　宁夏中房玺悦湾健康住宅项目

1.2 我国健康住宅技术体系

1.2.1 健康住宅建设技术体系

显然，系统协调影响居住健康性能的环境因素和行为因素，保障居住者的健康权益，是建立健康住宅指标体系及其评价标准的目的。同时，指标的选择和量化指标还与最新研究成就、技术发展水平和居民可支付能力相关。因此，健康住宅性能指标体系采取了稳定的一级指标和开放的二级与三级指标。健康住宅标准体系既包括了支持设计与建造工作的"技术规程"和支持评价与认证工作的"评价标准"，也包括用于指导相关利益方理解健康理念的"健康指南"和支持相关技术选择的"应用技术"。

1. 健康住宅建设技术要点与规程

在健康住宅建设技术要点与规程中，我们将健康性能划分为居住环境和社会环境两个一级指标，尽管有一些三级指标的重复，但对于人们理解健康具有清晰的导向。人们不能仅仅关注房子本身，还要关注房子–人–社会三者之间的关系，这才是完整的人居环境。另一方面，基于居住者心理健康需求分类描述的社会环境健康性能往往需要居住环境的支撑，并发生相互影响，或是主从关系，或是循环关系。

图 1.1-5 大事记时间轴

不可否认的是，从《健康住宅建设技术要点》(2001年版和2004年版)到《健康住宅建设技术规程》CECS 179(2005年版和2009年版)，其二级指标采取了设计师传统的思维习惯和开发商的产品技术路线，因此，获得了社会各界的普遍关注和大力推广(图1.2-1)。

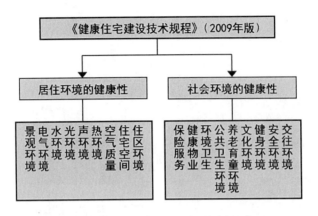

图1.2-1　健康住宅建设技术体系《健康住宅建设技术规程》CECS 179—2009

2.住宅健康性能评价体系

"成品住宅交付"是绿色建筑与建筑工业化发展的必然目标。在"鱼目混珠"的市场环境下，如何引导建设和选择健康住宅，需要对成品住宅或建成环境提供第三方评价与认证支持，这也是汽车等其他产品的通行做法。对住宅建筑的健康性能进行评价和认证，一是可以引导相关利益方正确理解健康理念，并积极采取健康行动和健康的生活方式；二是可以定量描述设计建造与使用维护全过程的健康指标，促进建成环境健康风险预防与控制技术的实施；三是可以客观衡量住宅建筑的健康性能和健康指标，以期达到实现预防和控制居住环境健康风险的目的。评价指标体系及其指标的选择应是针对整体住宅产品的，针对建成环境的，所以需要摒弃传统的专业分工和技术导向，转向居住者的健康痛点与居住体验的客观描述。

《住宅健康性能评价体系》(2013年版)从居住环境的全要素层面对住宅健康性能指标进行了梳理，将社会环境相关的健康性能融入室内外相关的居住环境指标之中，并给出了评价指标和评价方法。评价体系采取室内环境和室外环境两个一级指标，解决了三级指标重复性的问题。

但《住宅健康性能评价体系》自2013年推出以来，并未获得预期广泛认可。作者认为，原因有三：一是室内和室外环境的综合健康性能与居住者的健康体验不能一一对应,即无法简单形象地表达居住者的痛点或开发商的"卖点";二是综合指标让开发商在平衡消费者的健康需求和可支付能力方面出现"选择性困难";三是让设计师从专业工程师的角色过渡到为完整产品提供一体化服务的角色,还需要时间。提炼居住者的健康痛点成为改进指标体系的主要目标(图1.2-2)。

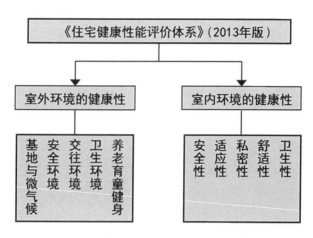

图1.2-2　住宅健康性能评价体系(2013年版)

1.2.2 健康住宅评价体系

2014年,国家住宅与居住环境工程技术研究中心根据《关于印发〈2014年第一批工程建设协会标准制订、修订计划〉的通知》(建标协字〔2014〕028号)的要求,研究编制《健康住宅评价标准》。跨领域的编制组从一开始就将编制工作的落脚点放在了居住者的健康体验和一些"习以为常"的现象上。

对健康住宅试点建设工程的实态调查成果、国内外众多研究进展和新闻热点集中度的分析,可以看出关于居住健康,以下现象常常可见。

现象一,关于热舒适度。人们非常重视室内的温度、湿度和体表风速等热湿环境指标,但由于这些指标的确定与居住者的主观感受密切相关,所以我们一般只能给出用于设计控制的目标值,却不能形成统一的感知指标,也无法形成一致的评价指标。

现象二,关于细颗粒物PM2.5。作为全球的新闻热点,人们对室内空气质量给予了空前的关注。将交通等环境噪声影响与提升室内空气品质结合起来,形成了一个巨大的新风产品市场,一些开发企业也相继开发出了可实现恒温恒湿和清新空气的住宅。

现象三，关于给水排水卫生安全。人们对水质安全的关注造就了桶装水、直饮水和净水设备的庞大市场。人们却把卫生间反臭味和厨房串味等现象归结为"住宅通病"，从而忽视了排水系统卫生安全及其严重的健康损害问题。另外，中水的入户使用的安全问题还没有引起管理者的足够重视。

现象四，关于噪声。噪声不仅来源于交通、施工等室外环境，还包括建筑供水设施或变电设备的低频震动噪声、卫生间排水系统噪声、冰箱或水池循环泵的噪声等。许多研究表明，持续噪声，尤其是持续性低频噪声的健康损害远远高于室外非连续的短暂噪声，如雨水管噪声。

现象五，关于天然采光。无论是设计师还是购房者，对住宅日照时数总是关注的，因为这是政府的强制要求。调查显示，人们往往忽视天然采光质量与人工照明质量，尤其是儿童照明质量和老年人照明安全。

现象六，关于户型。人们对得房率的关注远远超过了对空间安全、空间尺度、空间私密及户外交往空间的关注，造成了公共空间健康要求的缺失，"自扫门前雪"的邻里现象普遍。

这些现象说明，目前人们对健康的理解还停留在维持健康这个基本层面上。事实上，我们的住宅产品还不能完全满足这个基本需求。

从国际发展的趋势而言，健康促进才是追求的目标，包括城市、乡村、社区和建筑等层面。而在社区层面，邻里交往与主动交往环境，健身设施与促进健身环境，医疗卫生与在宅养老环境，住区公共食堂与营养膳食指导，社区种植支持与农业教育，食品溯源与食品安全，以及与居住者一起开展的健康创新等，对于促进健康的意义重大，将会成为健康住宅的重要方面。

因此，根据居住者健康体验或健康痛点，从居住健康需求层次理论角度出发，可将住宅的健康性能归类为六大体系：空间舒适、空气清新、水质卫生、环境安静、光照良好、健康促进。以人们对健康的关注度与敏感度，清晰表达了居住环境提升人体健康的途径，以便于使用者清楚地认识、理解，进而转化为自我的健康行动，包括居住环境改善和生活方式提升（图1.2-3）。

1. 空间舒适

符合人体工效的宜居舒适空间设计，提供生理和心理的健康空间。

住宅的卫生间是意外滑倒、急性心脑血管疾病等突发性事件的高发区，所以在健康住宅建设中需特别关注卫生间的安全问题。卫生间的空间布局、通风换气、地面防滑系数、门的开启方向等均为卫生间安全的关键因素。而对于空间舒

图1.2-3 健康住宅评价体系

适的其他方面，如窗前视野，住宅外窗除具有采光和通风功能外，还具有内外联系、环境感知、节律调节的作用，因此在健康住宅设计与建设时，应考虑在室内或阳台上实现自然景观的视觉可达，且视线范围内应尽量避免或减少令人不适的景观存在。当然，住宅私密性保护也是保障使用者心理健康所必不可少的要素（图1.2-4）。

在"空间安全"方面，由于在住宅卫生间发生人员意外倒地或急性疾病发生的概率最高，因此需要特别关注卫生间的相关安全问题。如洗浴、坐便等空间不采用内开门，避免门被患者阻挡或开启时伤及患者；需要提高洗浴空间的地面防滑性能，降低浴缸的迈入高度，防止跌倒；靠近卧室布置卫生间，提高使用的便捷性；卧室与卫生间之间的过道设置脚灯照明，以提高夜间活动的安全性等。

在"空间尺度"方面，指标包括空间净高与进深、窗外视野、入口与储藏空间等。对于窗外视野，窗户除具有自然通风和天然采光功能外，还具有从视觉上沟通内外、感知自然、调整节律的作用。因此需要在室内或阳台上能够看到大地自然景观，且视线范围内无不适干扰。

在"空间私密"方面，对相邻住户主要居室窗户或阳台之间的距离做出了具体规定，要求阳台之间、外凸窗户之间，以及阳台与外凸窗之间的直视距离不小于4m，否则应采取避免对视的措施。

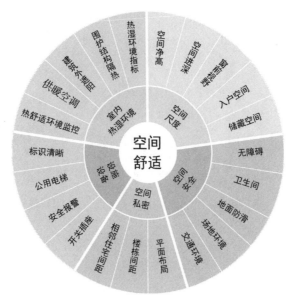

图1.2-4 "空间舒适"指标饼图

"设施设备"对居住安全的影响无时不在。为减少眼睛对明暗的适应时间，避免在黑暗环境中寻找照明开关可能引起的伤害，应合理设置开关位置和开关高度。老年人弯腰过度或快速站起可能会对身体造成损害，如大脑供血不足引起的"头昏眼花"。因此，插座高度还要充分考虑老年人对于插座使用的舒适性和安全性要求。

空间舒适的重要主观感觉是适宜的"热湿环境"。研究成果表明，室内过低的温度和过大的温差对身体健康影响较大。如卫生间的热湿环境对于舒适的洗浴和老年人的健康非常重要。过冷、过热的环境或与其他居室温差太大，容易造成风寒、风热等不适症状。因此，要求卫生间设置局部热湿环境调节设施。

自古以来，人们为了实现热湿适宜的环境，采用了加强屋面和墙面通风、建筑遮阳、提高围护结构气密性、降低围护结构热传导性能等措施。其中，值得重视的是，结合建筑立面设置移动外遮阳，会在天然采光、自然通风、窗前视野、调节门窗透风能力、保护隐私和安全防范等健康需求上取得更好的平衡效益，有效提高居住者的舒适感和安全感。

2.空气清新

营造最优质的室内空气环境，降低居住者的健康暴露风险。

根据世界卫生组织近年所发布的统计报告可看出，全球有近50%的人长期处于室内空气污染影响中，由于室内空气污染所导致的各种疾病发病率占比也在不断升高。据统计，有35.7%的呼吸道疾病是由室内空气污染所致，15%的气管、支气管系统疾病和22%的慢性肺病也与室内空气污染有直接或间接联系。所以在健康住宅建设中，空气清新应作为影响居住环境品质的重要指标。为达到空气清新这一目标，健康住宅要对设计前期的室内空气质量模拟预测、建设中期室内污染源控制、建成环境的通风换气措施和室内空气质量监测进行全方位管控（图1.2-5）。

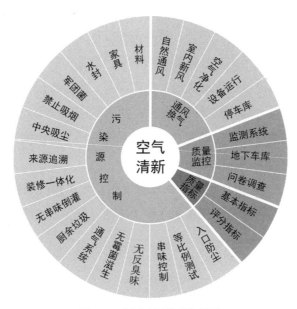

图1.2-5 "空气清新"指标饼图

值得一提的是，标准对居住建筑的门厅、电梯、走廊等公共区域的控烟提出了严格的要求，这些区域是老年人和儿童活动频繁的地方，也是目前国家控烟政策的盲区。

在污染源控制方面，除了材料、家具等来源可追溯与现场抽查要求外，将厨房烹饪空间无串味倒灌现象、卫生间无反臭味现象、厨卫表面无变色和霉菌迹象等作为评价指标，目的在于提高居住者健康体验的同时引导主动的健康行动。

另外，高层住宅设备系统等比例实验表明，采取基于厨房排水系统的厨余垃圾处理技术和与每层卫生间通气管相连的专用通气立管系统对于解决厨卫空间异味问题非常有效；卫生间排水立管系统内压力不超过±400Pa时，排水系统水封一般不会被破坏。

事实上，排水设施水封性能的好坏直接影响室内空气质量。日本根据排水器具中的地漏水封最容易被破坏的特点，不仅将地漏水封深度设置为50~100mm，而且还通过加大水封容积、采取水封补水等避免地漏干涸的措施防止臭味溢出。另外，毛发粘连、胶圈龟裂等会影响机械密封地漏的密封效果，所以提出了不得使用不带水封的机械式密封地漏的控制性要求。

3.水质卫生

加强给水排水系统管控，保障居住者用水安全与健康。

有关机构对我国饮用水卫生状况调查的结果显示：目前我国部分地区的饮用水存在化学性污染与生物性污染，虽然调查显示大部分饮用水污染以生物性为主，但饮用水的化学性污染对人体健康的危害较严重。我国基本采用二次供水的供水方式，由于管道连接、管材选用、使用年限、疏于管理等原因，导致该供水方式易造成二次污染。消除此类问题，除二次供水应采用闭式系统、饮用水管道应采用工业化预制生产外，还需要加强供水系统各环节的监测与管控，保证出水水质卫生，降低此环节潜在的健康风险。

所以，"水质卫生"指标包括给水水质卫生、给水排水系统建设与维护、非传统水源安全使用和水质检测制度建立四个层面，确保用水终端安全可靠和健康的水环境（图1.2-6）。

图1.2-6 "水质卫生"指标饼图

需要专门提出的是，现实生活中，中水误接误用的现象时有发生，因此，标准不提倡中水入户使用。另外，生活热水系统在加热过程中，会因余氯的挥发而导致杀菌能力的降低或消失，进而会滋生军团菌等细菌，致使生活热水达不到指标要求。所以，在集中生活热水系统中标准要求设置灭菌装置，控制热水供应最低温度。

4.环境安静

消除噪声压力刺激，提高睡眠品质和工作效率。

噪声污染长期以来影响人们的生理和心理健康，居室噪声污染主要影响人的大脑、情绪、生理节律等，相关研究显示：长期噪声污染可能导致失眠多梦、头痛恶心、听力下降、心慌乏力、压力激增、记忆力减退等症状，严重情况可能会增加高血压、心脏病等疾病的发病率。世界卫生组织的研究指出：在持续噪声污染影响下，孕妇由于精神紧张等原因，可能增大新生儿出生缺陷和先天性疾病的可能性。低噪声影响的室内声环境是健康住宅的基本规定，需通过项目前期建立声规划方案，以实现从建设选址、规划设计、施工安装到建筑运行的全周期噪声污染源控制。

因此，"环境安静"除了对建筑室内外声环境进行评价外，重点评价围护结构隔声、分户隔声和设备隔声等室内声环境保障措施的有效性（图1.2-7）。

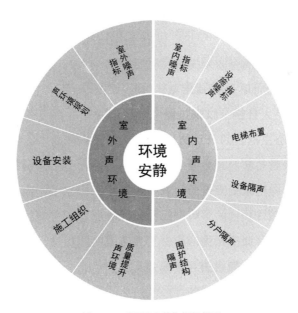

图1.2-7 "环境安静"指标饼图

5.光照良好

实现人与自然的交互沟通,保障健康的生理节律。

在传统住宅设计及建造中,设计师对住宅日照指标的关注度很高,然而,这种对某一性能指标的高关注度,反而会削弱人们对于健康光环境中同等重要的天然采光性能和人工照明性能的研究。天然采光性能旨在鼓励居住者适当地接触自然环境光,对于加强居室内外环境互动、居住者生理节律调节及心理环境改善可起到积极的作用,天然采光还可强化邻里交往环境的营造,宽敞明亮的环境也会降低压迫感和不安感,使人感到舒缓放松,提高空间使用率。人工照明性能对于营造健康的室内光环境方面同等重要,不适宜的照度设置会造成人眼在适应过程中短暂视觉能力降低,频繁的明暗适应还会导致视觉疲劳,而人工光源的色温、显色性等指标也直接影响使用者的生理及心理健康,不适宜的人工光源可能会造成使用者不同程度的视力损伤或其他身体危害(图1.2-8)。

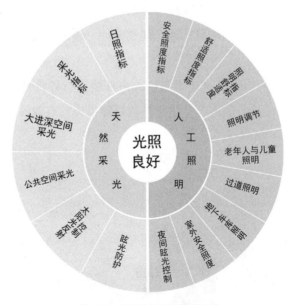

图1.2-8 "光照良好"指标饼图

6.健康促进

引导居住者健康行为模式的形成,实现建筑功能提升。

影响人们身体或心理健康的因素很多,除遗传基因及生命周期自然规律等无法改变的因素外,环境影响、生活行为、文化心理等因素对人们的健康影响最大。因此,怎样的环境、行为和心理是健康的,以及如何鼓励和引导人们以健康的方式生活,已成为健康促进的主要目标。与需求相匹配的是交往空间的合理设置、文化活动场地的合理布局、体育健身设施的易达与引导参与等，通过环境设计，培养居住者的深层健康意愿并形成习惯，健康服务的内容会随着人们的生活水平和健康需求不断丰富。

"健康促进"包括"促进交往""促进健身""公共卫生""健康服务"和"健康创新"5个方面，设计了28项指标，是6个一级指标中评价指标最多的体系，也是权重系数最大的体系（图1.2-9）。

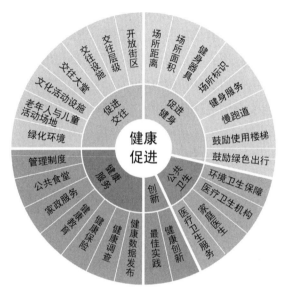

图1.2-9 "健康促进"指标饼图

其中，交往层级与交往设施、开放街区与交往大堂、文化活动设施与活动场地、绿化环境是"促进交往"的基础条件。开放街区既方便居民生活，又引入了城市活力。住区入口及开放的街区能形成与城市更为有机互动的公共空间，为人们提供较好的缓冲区。结合组团、楼栋或单元入口空间设置的交往大堂，既可满足住户交往需求，又能优化单元入口空间品质，提高居住的安全与舒适体验。

标准对老年人与儿童的活动场地提出了细致的评价要求。一方面，我国儿童大部分是由老年人居家看护照顾，儿童身体机能较弱，容易发生危险。另一方面，随着年龄的增长，老年人心理上会产生失落感和孤独感，照顾小孩、加强老年人和孩子的交流可以有效减轻老年人的不利心理影响。

适宜的体育健身设施配置和便捷的可达性可诱发居民的驻足、参与，培养居民的健身愿望。因此，"促进健身"对场所距离与健身器具，步行系统、楼梯环境和慢跑道，以及健身服务等提出了评价要求。

"健康服务"的内容会随着人们的生活水平和健康需求的提高不断丰富。标准对公共食堂与营养膳食、家政服务配套设施、健康教育与健康调查等提出了评价要求。

　　特别值得一提的是关于"健康保险"。保险公司积极主动地对投保人和投保项目进行干预以降低医疗风险，既提高了项目健康运行的抗风险能力，提升了居住者的居住体验，又进一步拓宽了保险服务领域，实现住房服务业的创新。

　　在"健康促进"中专门设置了"健康创新"评价。随着技术经济水平的提高，人们对健康影响因素的认识会更加深入，健康促进技术也会不断地通过相关新技术、新工艺和新材料的应用获得进展。因此，要通过评价与认证手段，鼓励人们为健康而创新，不断提高居住环境健康效益。另外，国家住宅工程中心也会联合相关机构通过向社会发布居住健康需求，征集健康技术和产品，引导健康住宅可持续发展。

健康住宅外部环境

2.1 健康住宅规划设计要点

2.1.1 选址规划

居住健康的首要因素是建设用地的环境安全和质量。健康住宅的规划建设用地选址应坚持以人为本的基本原则，选择安全、适宜健康居住的地块。除了要了解用地工程地质和水文地质条件外，还应明确建设用地的原始环境状况，包括对环境噪声、电磁辐射、土壤放射性等环境污染因素的测定，并做出量化评估，以便在规划设计中采取相应的技术措施，满足小区健康环境质量标准的要求。

对原有的工业用地、垃圾填埋场等可能存在健康安全隐患的场地，应进行相应的污染源评估并采取改进防护措施，并经过专业机构的环境评测，满足国家和地方关于居住区选址的相关规定；土壤存在污染的地段，必须采取有效措施进行无害化处理，并应达到居住用地土壤环境质量的要求。

健康住宅用地选址，同时还应考虑以下因素：应符合已批复的各项上级规划和生态环境保护等专项规划要求；用地周边公共服务及配套设施能满足5～10分钟生活圈要求；用地应边界清晰、集中连片、空间相对独立（图2.1-1）。

图2.1-1 健康住宅规划建设用地示例图

健康住宅用地规划，应符合城市总体规划及控制性详细规划，符合所在地气候特点与环境条件，按照适用、经济、绿色、美观的原则，结合经济社会发展水平和文化习俗，遵循统一规划、合理布局，节约土地、因地制宜，配套建设、综合开发的原则，并满足城市设计对公共空间、建筑群体、园林景观、市政等环境设施的有关控制要求。同时应统筹考虑居民的应急避难场所和疏散通道，符合国家有关应急防灾的安全管控要求。

　　建设用地中原有的地形、地貌、地物，是基地自然和人文生态环境的体现，健康住宅用地规划，应充分了解建设用地及周边自然生态和特色人文环境，通过合理规划保留保护建设用地中的水体、湿地等具备生物多样性的自然环境，或独具特色的人文环境要素，以体现人与自然和谐共生的健康居住环境。

　　健康住宅规划，应以促进健康居住为主旨，为居住者营造健康、安全、舒适和环保的高品质住宅，满足居住者生理、心理和社会多层次的需求，为居民提供生活、交往、休闲的健康居住空间和环境；为住区老年人、儿童、残疾人的生活和社会活动提供便利的条件和场所；为住区提供完善的配套服务和安全优质的管理，从而达到普及健康生活、优化健康服务、完善健康保障、建设健康环境，推进健康中国建设的总体目标（图2.1-2）。

图2.1-2　健康住宅规划应满足多层次需求示意图

2.1.2 室外交通

　　健康住宅小区的室外交通规划，应遵循安全便捷、尺度适宜、公交优先、步行友好的基本原则。首先，小区道路系统应与外部公共交通系统有便捷联系，实现多种交通方式的整合衔接，方便居民出行利用；合理设置小区出入口及其广场空间，除通行要求之外，还应满足公共卫生要求的安全应急流程及可封闭等管理空间；小区内部交通组织应做到车行系统便捷顺畅、主次清晰、分级明确、功能合理，满足消防、救护、搬家、清运等车辆的通达要求，道路实行人车分流，避免车行对人行、景观和住户的干扰（图2.1-3）。

　　其次，健康住宅小区提倡建立相对独立、完整和安全的慢行交通系统，规划出行方便、覆盖全面的行人交通网络；在适宜自行车骑行的地区，宜设置专用非机动车道，使小区与外部的非机动车交通系统形成连贯衔接；合理设置人行

图2.1-3　健康住宅小区步行交通规划示例图

出入口和步行系统，便捷通达小区所有公共场所，并宜规划专用健康慢跑步道、无障碍步道等相关设施，使人行交通系统与室外景观绿化和休闲设施紧密结合，营建安全舒适的慢行交通环境。

室外交通系统的另一组成部分是交通服务设施。应根据小区规划设计要求和居住需求分析等，综合确定小区机动车停车设施及其规模，选择适度的停车指标和停车方式；机动车与非机动车停车应合理布局，分类停放，相对集中设置，配备无障碍车位及充电车位区域；机动车停车场/库出入口位置应与小区车行出入口连接顺畅，减少对居住的干扰；在距离建筑出入口适当范围内，宜结合景观绿地布置一定数量的自行车泊位，并在满足消防安全的位置设置电动自行车充电停泊位；小区宜规划建设生态机动车停车场和有遮盖功能的非机动车停车设施；小区主要出入口附近宜规划城市公共租赁单车停泊位（点）空间；应配备完善的小区室外交通照明系统，区别不同道路、场地的照度、遮光、控光设计并避免眩光，保证夜间交通安全和辨识度（图2.1-4）。

智能化交通管理措施也是健康住宅小区室外交通系统的重要组成部分。社区宜采取出入口智能安防、无接触出入人员识别、共享停车设施、停车智慧管理等智能化交通管理措施；提倡按照步行、非机动车、公交、私人汽车及其他交通工具的交通优先顺序，制定有益居民健康的绿色出行指导性方案，以社区交通信息平台或社区公益活动等形式向居民进行积极推广，培养健康出行习惯。

图2.1-4　健康小区入口大堂及车行出入口效果图

2.1.3　建筑布局

健康住宅小区的建筑布局应根据总体规划要求和动静功能分区，打造结构清晰、层次分明、衔接有序的空间与功能体系，并符合"多规合一"规划要求。

健康住宅小区应满足人群复合型混合居住要求，根据所在地区的生活习惯、家庭结构的多样性、住宅全寿命周期和产业化建造等要求，提供具有可变性和可改造性、多种面积标准的住宅建筑设计，并通过建筑布局形成适度围合、尺度宜人的庭院和组团空间。

小区建筑布局应根据使用功能和使用人群的需求，充分考虑建筑本身、相互之间及与周边建筑和设施的日照、采光、通风、节能及安全防护等要求，对有私密性要求的房间，应防止视线干扰。专门供老年人居住的建筑，每个生活单元内至少一个居住空间日照标准不低于冬至日日照时数2h，其余居住建筑的日照标准按照《城市居住区规划设计标准》GB 50180和当地规划管理要求。

小区鼓励综合开发，引导打造集商业、休闲、文化、景观等为一体的综合功能区和城市共享空间。坚持"功能复合、用地集约"的原则，适度集中设置小区公共广场、绿地等公共开敞空间和服务设施，并鼓励开发利用地下空间，集约节约利用土地，提高土地利用效率。小区公建设施和主要景观空间的布局，应结合住宅建筑的均好性需要和使用半径要求设置。

在建筑布局中，通过在住宅组团、院落、街坊等组织构成中融入当地居住习惯和特色，对建筑外观、地形景观、绿化设施、引导标识等进行系统协调设计，可构建住宅组团、院落、街坊和楼栋的视觉和景观特征，加强可识别性，促进居民认同感。

健康住宅小区整体建筑布局，还应考虑城市天际线和主要街景立面的视觉效果，避免单调呆板的建筑形象，与周边城市建筑和环境实现有机和谐。

2.1.4 空间组织

小区空间组织，应在满足通风、日照要求及避免产生噪声干扰前提下，创造不同层级的邻里交往空间，规划出适合多年龄段人群，特别是儿童、老年人及特殊人群的多功能公共活动场地和设施，满足居民进行公共活动、邻里交往、运动玩耍、休憩休闲等功能需求，营造温馨健康的住区交往环境。

在空间组织上按照小区、院落、楼栋的序列进行多层级空间设计，形成连续、完整的社区公共活动空间序列，也为居民营造出安全自然的空间过渡和行动体验。在此基础上构建动静分区合理、空间尺度适宜、边界清晰连续的室外活动场所，并与休闲健身、适老适幼、景观绿化等功能相协调。

小区室外健身及游戏活动等公共空间，应根据居住规模、小区环境与建筑布局、周边配套设施的分布等综合因素进行整体规划。小区公共活动空间不应布置在人流量和车流量较大、风速偏高和偏僻的区域，避免交通性车行、人行对正常室外公共活动的干扰；按照公共空间的活动功能进行分散或分区布置，有利于多年龄段人群进行多类型活动和安全的交往。

公共空间领域划分宜采用空间围合、地坪高差、地面铺装材料及纹理变化等方式；应有安全、无障碍的步行道与社区各个公共活动场所相联系，并满足易达性要求；应满足场所安全和自然监视要求，并避免产生对周围居住空间的视线和噪声干扰；应符合地方风俗习惯及整体建筑风貌，并结合健康生活方式的活动需求合理配置场地活动设施（图2.1-5）。

2.1.5 配套设施

小区与周边城市的环境和设施存在着有机联系，小区配套设施应以规模合理、布局均衡、服务便利、功能适应、复合利用为原则，与城市公共设施进行协调统筹。小区的教育、医疗卫生、文化体育、商业服务等配套公共服务设施，通

图 2.1-5　小区室外健身及游戏公共活动空间

过与周边城市公共设施进行协调规划，可优化配置、共享资源，同时有利于小区公共活动的多样化，增加居民健康活力。

完善的健康住宅公共服务设施，应符合现行国家标准《城市居住区规划设计标准》GB 50180的规定，按照5min、10min、15min的多层级生活圈要求，公共配套设施宜实行分级统筹、差异化配置，合理确定配置内容与建设规模。不同规模级别的健康住宅社区，可参照表2.1-1进行相应的配套公共服务设施配置。

根据空间结构和不同项目的使用性质，小区配套公共服务设施在不产生相关干扰的情况下尽量相互邻近，同类相对集中布局，功能关联或可兼容的公共设施可合并设置。配套公建设施应满足居民需求及服务半径，在兼顾区内外居民方便使用的同时，要避免因营业使用对居住产生干扰。

规模适宜的小区可规划建设多功能融合的配套公共服务中心和综合服务设

第2章　健康住宅外部环境

健康住宅配套公共服务常用设施一览表　　　　　　　表 2.1-1

健康住宅社区规模级别	综合服务设施							商业服务设施			教育设施				医疗设施		
	文化活动中心	社区服务中心	老年人日间照料中心	室外健身活动	社区食堂	物业管理	快递服务	生活垃圾收集	商场商街	菜市场（生鲜超市）	其他商业（餐饮、邮政、银行网点等）	初中	小学	幼儿园	老年大学、社区课堂	社区医院	卫生服务站	养老院
居住区	●	●	●	●	●	○	○	●	●	●	●	○	●	●	●	●	●	○
居住小区	●	●	●	●	●	●	●	●	○	●	○		●	●	○	○	●	○
居住院落	○	○	○	●	○	●	●	●		○	○			○			○	

注：1. ●严格按照相关规划配建的配套设施项目。

　　2. ○结合项目实际情况，选择性配建，以当地规划审批要求为准。

　　3. 除规划要求独立占地的服务设施，鼓励联合设置、综合利用。

施，充分发挥集合效益。公共服务中心一般宜相对集中布置，它是构成小区核心的重要内容，不仅要具备居民日常生活所需的基本设施，也提供社区交往、休闲娱乐、康复养老等健康生活需求的相应服务设施。设置综合服务设施首先要考虑方便居民生活，另外也要有利于经营管理合理，节约投资和用地，同时应具备良好的交通条件和集散空间、公共停车场等配套设施（图2.1-6）。

图2.1-6　小区综合服务设施示例

各类小区配套公共服务设施的选址及其与住宅建筑的距离要求，应符合国家有关安全防护和疏散距离的规定。宜结合小区公共区域和活动场地，规划设置与小区人口规模相应的应急避难场所和应急管理空间。

2.1.6　总体风貌

小区总体风貌是小区视觉环境的主要组成部分，也是影响居住者感受舒适及身心健康协调的重要因素。健康住宅小区的总体风貌应在空间形态、建筑风格、建筑色彩等方面与周边城市整体风貌和自然环境相融合，同时体现自身特色；可结合所在地域和历史文脉，打造社区特有文化、自然生态等主题风貌，表达出规划项目特有的地域特征、民族特色和时代风貌。

建筑风貌应首先考虑与居住建筑使用功能相协调，建筑选材、装饰等方面宜就地取材，提倡提炼使用本土元素。小区组团、院落建筑外观设计在中小尺度个性特征基础上，应具备大尺度易辨识的共性元素，以营造出整体和谐的小区视觉环境。

打造良好的小区总体风貌，还应利用景观设计统筹屋面、墙面、门窗、地面、植物色彩等的配合，提倡简约和视野舒适；小区各级公共绿地景观具备均好性、渗透性和延展性；统筹庭院、街道及小广场等公共空间，形成连续完整的公共空间系统景观界面，结合配套设施布局，构建动静分区合理、边界清晰的庭院、广场等公共活动空间和有活力的街道空间。

2.1.7 居住环境标识

居住环境标识作为一种特定的视觉符号，在起到为服务对象传达信息的作用的同时，也是居住社区形象特征、人文关怀的体现，更是安全便利和健康生活环境中不可或缺的内容。完善的居住环境标识体系对构建健康居住环境起着重要的作用。

健康住宅小区居住环境标识的类型，主要包括空间场所标识、交通导引标识、安全警示标识、健康提示标识、设施使用标识等。其中，空间场所标识包含居住及公共建筑标识、活动场地标识、空间领域标识、公用设施标识等。交通导引标识包含小区车行系统的方向引导、限速减速、出入口、停车场库标识；慢行系统的方向引导、出入口、自行车停车位、无障碍设施、人行步道及休憩设施提示标识等。安全警示标识包含小区水体及景观设施安全标识、地面高差坡度安全提示标识、老幼活动场所安全标识、公共健身场所及设施安全标识、消防安全标识、应急疏散标识、紧急医疗救助设施标识等。健康提示标识包含禁烟标识、防尘防噪标识、健身指导标识、疗愈植物标识等（图2.1-7）。

规划居住环境标识，需要考虑不同行为特点的使用者对于标识的差异化需求，进而明确标识的种类、服务对象、功能作用等因素，并从整体空间角度将标识单体与周围环境结合起来，以确定标识的设置位置、尺度、间距，以及色彩、字体、材料等，以达到简洁醒目、认知明确、可识别性强的作用。例如设置楼栋标识时，要考虑建筑单体近人尺度和远端尺度的不同立面位置、适宜的人视方向和角度、与周边其他元素的协调关系、标识的易识别度等，至少在建筑两个主要观察方向

图2.1-7 小区居住环境标识示例

的不同立面上设置楼栋编号标识，且尽量相邻建筑编号连续，并保证昼夜均清晰可见，确保紧急情况下如消防、救护车辆能准确、快捷地到达救助地点。

构建健康居住环境标识体系，需要通过"点—线—面"三个层级来进行布局规划，从而形成完善的空间标识系统。尤其是交通导引标识，需在各类通行道路、停车场库、活动场地及建筑物出入口等处设置统一、连贯且醒目的引导标识，且要根据车行、人行的不同速度、视野范围等因素决定标志牌设置位置和间距恰当、易于辨识，并形成由点及线、全面覆盖小区适用范围的标识系统。

健康居住环境标识还应考虑特殊使用者的需要，如为有行为障碍的居住者提供特殊设计的标识系统，根据实际需要结合视觉、听觉、触觉等多种手段来达到有效指示的作用。构建良好的居住环境标识体系，有利于引导居住者的活动及行为，树立健康意识，促进健康行动，降低居住环境内各类风险发生的概率。

2.1.8 无障碍环境

健康居住的无障碍环境，包括建筑空间无障碍环境和室外活动无障碍环境。打造健康居住无障碍环境，需要建筑内部、室外公共活动场所、所有室内外公共场所连接通道等，都应在符合现行国家标准《无障碍设计规范》GB 50763要求基础上，进一步满足通行无障碍、操作无障碍、信息感知无障碍的使用要求，实现安全、方便、舒适、畅行无忧的居住空间无障碍环境。

小区各类室内外公共活动场所应设置连续的无障碍通道，与小区主要活动场所应构成安全、无障碍的交往空间系统，满足由建筑到室外场地及与小区的无障碍系统相衔接，并应与小区景观环境整体设计协调融合。同时，从小区至外部各个公共交通站点应有安全便捷的无障碍人行通道相联系。营造小区的无障碍通行环境和安全易达的无障碍公共交往空间，体现了小区内所有居住者的平等、公平的交往权利和多样化的户外活动需求，也是保障邻里交往空间高效使用的先决条件。

在小区无障碍环境建设方面，除了场地高差坡道、人行盲道、安全扶手围栏、安全提示标识等无障碍设施，还应在小区公共活动空间、景观绿地和人行主要通道边，适当增加座椅、凉亭等休憩设施，提高室外活动舒适性，并促进交流、交往活动，使无障碍出行与小区空间环境的整体设计协调融合；同时社区无障碍公厕建设也是"打造无障碍环境"的组成部分。

建设小区无障碍环境，还应配合居民宣传教育，并制定相关管理措施，使居民重视无障碍设施，促进无障碍设施的合理使用。建设无障碍环境能有效保障和促进残疾人、老年人、怀孕育婴等人群的出行安全和交往活动，使之能够无障碍地融入社区生活，切实提高居民幸福感，是社会文明进步的重要标志。

2.1.9 适老适幼

健康住宅的服务对象是有健康居住需求的全龄人群，而据居住实态调查表明，老年人、儿童等特定年龄群体对住宅的依存度最高，在小区室外场所活动时间也最长，且儿童大部分是由老年人居家看护照顾，同时，我国人口高龄化趋势日益明显，在宅养老需求强烈。因此健康住宅应关注老年人、儿童等特定群体的特点和健康需求，体现适老适幼的全龄健康属性。

健康住宅小区应根据居住者活动需求人群的行为特点和功能要求，规划多样化多功能的公共活动空间。小区广场、公共绿地、室外活动场地等场所是邻里交往的主要场所，应满足各类适用人群，尤其是老年人、残疾人和各年龄组儿童的需要。其中以老年人和儿童为主体的活动空间，要求场地日照良好、安全易达、环境适宜，避免设在位置偏僻、风速过高、有安全隐患的区域。

设置老年人与儿童专用室外活动场地时，由于儿童身体机能较弱，容易发生危险，老年人活动场地和儿童活动场地应相对独立布置，但两者之间有相邻空间及视线联系，以便及时发现或提前避免发生危险，保证老年人和儿童的室外活动安全。儿童活动场地应在保证安全前提下，以场地的功能性和趣味性为原则进行设计，或提供多年龄段儿童的不同活动区域；供老年人使用的空间场所和通道，应符合无障碍设计要求，并采取一定安全防护措施及方便老年人识别使用的标识和设施。

老年人与儿童活动场地出入口距离车行道和停车场（位）应有保证安全的距离，并避免视线遮挡；场地应具备完善的无障碍通达条件，场地铺装材料符合环保、平整、防滑和防摔伤的要求。老年人与儿童活动场地的设施配置，应设置具有遮阳、避雨、挡风、休息等功能的休憩设施，且遮阳或避雨面积不小于活动场地面积的20%。活动场所的照明设计同样要满足适老适幼的特点，老年人因视觉功能衰退，老年人活动区域的照度值要求较高；儿童在成长过程中需要接受丰富的颜色刺激，因此儿童活动区域的照明显色指数要求高。

健康住宅提倡小区设置健康膳食服务：选用可追溯产地和生产过程的健康食材；提供营养指导和营养配餐，制定个性化健康食谱；培养健康饮食习惯、健康生活方式等。小区内设置健康膳食服务设施，可以解决居民尤其是居家老年人和儿童的按时就餐和健康饮食问题，同时也为居民提供相互交流的场所和机会。对于行动不便的居民还应提供送餐上门等服务，通过引导健康的营养膳食，为居民的健康生活提供保障。

健康住宅社区还应为居民提供多样化的居家养老服务，如提供上门专业家政看护、专属家庭医生服务等，对居民健康管理和居家养老具有积极有效的影响。有规模型养老需求的健康住宅社区，宜分级设置自理型老年人公寓和护理型老年人公寓，消除居民的养老焦虑，创造安心居住、享受生活的健康居住环境（图2.1-8）。

2.2 健康住宅室外景观空间构成

2.2.1 景观空间规划

随着中国精神文明与物质文明建设的显著提高，居住室外空间已不仅是一个区域的象征，已成为居民休闲纳凉、沟通交往、散步健身、修身养性的场所。居住空间的景观体现现代人的价值观、审美观和趣味。然而在城市居住区空间景观的规划设计中还存在着许多问题，存在许多不尽如人意的场景，我们希望通过深

图2.1-8 健康住宅小区多样化养老服务概念图

入的分析和探讨，归纳出健康景观空间的规划设计原则，在具体的健康居住空间景观规划设计中，避免一些设计误区，使居住空间的景观更富有人性化更加健康，而不是以抓人眼球、标新立异为主要目标，回归自然、回归生活才是健康居住空间的本质。

1.景观空间规划原则

景观空间规划，就是利用景观学原理，解决景观空间上的经济、生态、健康尺度和文化问题的实践研究。在认识和理解景观特征和价值的基础上，对区域内的各种景观要素进行整体规划与设计。通过规划，融合人与自然环境的关系，结合地方文化背景，以资源的合理利用为出发点，以自然生态为前提，"以健康人居为本"的规划设计手段，合理规划和设计景观区内的各种景观要素和人为活动，在景观与居民之间建立可持续发展模式，使景观要素空间分布格局、景观形态与自然环境中的各种生态过程和居民活动协调统一。其目的是充分展现景观所应具有的生态功能、日常休闲功能、文化功能、美学功能、健康功能。

（1）整体性原则，空间的组织上统筹兼顾，在与建筑空间相协调的同时，充分考虑景观的节点、路径、空间以及视觉通廊的衔接；

（2）以健康人居为本，将空间功能放在首位，充分考虑使用者的特征与需求，注重景观体验中的身心感受，从而营造尺度适宜、环境舒适的景观空间；

（3）可持续发展原则，在设计阶段考虑到使用者不断变化的景观健康需求，在空间的利用和材料的选取上尽可能做到低碳、生态，减少不必要的硬化处理，为景观空间的更新与发展留有余地。

2.景观空间规划意义

随着人们物质文化生活水平的不断提高，人们对景观环境的品质要求越来越高，尤其对健康层面的追求亟待落实。合理的景观空间规划可以更经济、高效地运用有限的空间，提升景观功能的综合效益。

3.景观空间营造

景观空间应具备道路、绿地、水系、种植、基础设施及人性化设施。营造空间，是对所有景观元素进行合理调度安排，从空间布局上使每一个景观要素都处在最合适的空间位置，使参与者能身处其间感受到空间的合理与舒适。通过合理营造景观空间，使得场地内景观尽可能的丰富，满足使用人群的多种需求，不同的空间所营造出来的氛围也可以满足不同人群所需要的心理需求。

2.2.2 景观人性空间

中国正处于城市化进程从高速度到高质量的转型期，同时也是中国城市居住空间形态革新的关键时期，人们对于人居环境的协调发展、人性尺度的回归愈发关注。在这种背景下，我们应更加关注景观意义的本身——生活空间的舒适性。我们有必要重新思索什么是"好"景观的定义，应该跳出对于外观与造型的过度设计，将更多关注放在人性化即真正的使用者身上，形成舒适的人性体验空间。

1.景观空间参与者

城市空间的局促与快节奏的生活方式，使每个年龄层次的人群都渴望在自然中得到放松，每一位居民都希望能够找到适合自己的室外舒适空间，他们也是景观空间的重要参与者。

（1）儿童：儿童群体更注重景观的趣味性，不同类型的活动空间需要通过具体的年龄阶段进一步划分。

（2）青年：青年由于相对承担较大的社会压力及生活压力，期望在业余环境中缓解精神压力，使身体得到放松，因此更加追求景观品质和环境舒适度。

（3）中老年：中老年人更注重身体的舒适和休闲，也期望增加生活的丰富度，同时对景观活动中的便捷和安全也有更高的需求。

（4）宠物：拥有宠物的家庭越来越多，宠物俨然成为景观环境的重要参与者之一，合理的宠物活动空间应便于后期的环境维护。

2. 景观空间人居属性

在景观环境当中，不同的参与者有其相应的景观功能需求，使得景观空间具备了复合的健康人居属性，以满足各年龄阶段人群在生活当中的社交、日常运动休闲等需求，益于身心健康的景观环境是营造健康生活状态的重要外部因素。

3. 景观空间体系构建

（1）共享空间，包括共享社交空间、共享康体空间及共享疗愈花园空间；

（2）专项空间，包括健康邻里空间、健康长者空间、健康运动空间及宠物乐园空间。

2.3 健康住宅室外体验空间

2.3.1 景观共享空间

景观共享空间是社区居民活动的重要场所，景观共享空间满足了人们日常活动需要，提升了人们的生活水平。科学合理地打造景观共享空间对居民停留、沟通交流有十分重要的作用。为了能更好地提升社区公共区域范围内景观体验值，需要在现有社区景观设计的基础上，强化互动体验式的景观设计。

1. 共享社交空间

1）交互社交式景观

交互社交式景观属于体验性景观的一种类型，依托环境知觉理论的描述。从主客观上还可划分为主体人和景观空间的互动、人和人的互动。交互社交式景观的基本核心是互动。从广义角度看，景观中有参与就会有互动，有体验就会产生互动。狭义上的互动是基于行为表现上的一种相互作用，即认为是景观诱发了人的行为，人的行为也会改变景观的基本状态。

（1）主题性——交互社交式景观是展现文化形态的重要载体，在呈现时必须有特定的主题才能吸引使用者在游览时不偏离既定的体验轨道设定。互动体验设计注重创造出有利于居民活动环境的需要，景观的设计要体现主题性。

（2）可参与性——参与是互动的重要基础，互动景观具备人们自由参与的基本属性，人和景、人和人可通过语言、行为等实现交流互动。从人本理念角度看景观是客观存在，人是主体，人和景观之间的互动形成了积极主动参与和消极被动参与的两种基本模式。积极参与是人作为主体会主动认知体会景观的主题。消极被动的参与是人作为主体没有从主观层面想要深入了解景观的内涵，在游览时只是漫无目的地在空间中欣赏。在景观体验中，积极主动参与和消极被动参与在某种情境下是可相互转换的，在人们处于景观空间被动休息游玩时，如果景观的设定十分有趣，吸引了居民的注意力，就会从之前消极被动的景观参与转变为积极主动的景观参与。而如果居民兴致盎然地寻找景观的有趣之处，但最终发现景观的焦点设计也不过如此，这时就会从开始的主观积极参与转变为被动消极参与。

（3）动态性——从人的感知层面看景观分为静态和动态两种类型，静态景观只能聆听、观看和触摸，很难激发互动的深层次情感体验。动态景观在短时期内会随着人的思想行为变化发生相应的变化，由此引起人的好奇、震惊、悲伤和欢喜等情感变化，引发一系列深层次的体验。

（4）戏剧性——交互社交式景观具备激发人对景观的深层体验，戏剧性是吸引人们深入体验的重要特点，营造戏剧性体验包含设置情境、形成冲突、制造悬念等。设定交互社交式景观，主题离不开环境的衬托，随着情节缓慢展开，戏剧冲突也会出现。戏剧冲突出现的意义在于进一步深化主题思想，增强人们对情境的体验。

（5）创新性——创新是事物发展的内在驱动力，互动体验只有给人带来新奇的感受才会吸引人们更深入地参与。互动景观设计不管在思想理念层面还是表现形式都不能落入思维的僵化状态，一旦僵化就无法吸引人们的参与。

2）共享社交空间景观的现状分析

交互社交空间是一种开放性的空间模式，在发展的过程中具有公共性、开放性、社会性的基本属性，整个空间在打造过程中也具备娱乐和休闲功能，同时，在打造整个空间的过程中还充分体现自然价值和生态效应，是一种为居民敞开和服务的开放空间。基于社会发展需要，共享交互空间景观设计多数反映了设计人员和开发商的基本需求，景观被看作一种重要的视觉消费品。

交互社交共享空间按照容量的大小可分为大型、中型和小型，按照共享空间的建设时间可划分为新的社区景观和老的社区景观，按照景观类型可将社区共享空间景观划分为以生态为导向的景观、以文化为导向的景观。

3) 共享社交空间景观的社会属性

城市化进程不断加快，在设计共享社交空间景观时要注重合理优化社区内部资源，激活社区活力。在社区景观打造的过程中，不能忽视景观与人、城市、社会发展的关联及景观设计的社会属性。

用户体验关注的是人的主观感受、思想观念和情感动机。当前，许多社区共享空间的设计没有充分考虑用户体验。

视觉是对周围环境反应的感官，视觉是对景物进行判断的视觉形象的直接体现。交互是人们积极主动参与并能在景观欣赏中获得愉悦感受的过程。社区景观实现交互，会给社区不同的交往空间建立起人和人之间的共生关系。良好的景观会给人带来积极的感受，反之亦然。基于不同活动性质和使用需要，可赋予社区共享空间景观的情感性属性。另外，具备相似活动倾向的居民汇集形成的场景会在人们心中产生联想和记忆，进而产生对社区的归属感和认同感。

4) 共享社交空间景观设计中的用户体验

积极挖掘社区景观的特色内容，增强感官体验在社区共享空间景观设计过程中，要注重体现景观设计的整体性和主题性，协调各个区域间的联系，合理布局社区景观植物，体现艺术性特点，通过植物的搭配设计，营造一种彼此环绕的景象。此外，各个景观元素从景观布局角度参考各个要素的设计，共享空间中的路灯、垃圾桶、指示牌等设置一应俱全，充分展现出景观设计的统一性、主题性和整体性。融入互动景观，增强交互体验景观。随着对体验要求的提升，健康景观设计过程中还可通过应用先进的技术手段营造丰富多样的体验效果。中心草坪是健康共享空间景观面积最大的共享绿地，草坪为人们提供集中的活动场所，满足人们的活动需要。增强景观生态化和亲民化特点，强化社会认同健康景观设计要始终坚持可持续发展理念及人本原则，在景观设计过程中要注重挖掘健康生态理念，通过合理设计社区中植物、水生态、地形、水景，会改变小区范围内的气候、土壤和水文，加深居民对小区的认同感。

2.共享康体空间

健康的体魄、健美的形体、通过运动带来身心愉悦是每个人所追求的，居住区共享康体空间是人们日常健身活动的主要场所。

1) 居住人群对于共享康体空间的需求分析

不同年龄段人群对于康体空间的需求不同。20世纪中叶"二战"结束后，联合国倡导并被社会广泛认同的年龄段划分标准为：0～14岁为少儿；15～59岁（或15～64岁）为成年人；60岁（或65岁）及以上为中老年人。随着经济的发展，平均预期寿命普遍延长。世界卫生组织发布的年龄段划分标准在不断变化，最新发布的标准为：0～17岁为未成年人；18～65岁为青年人；66～79岁为中年人；80～99岁为中老年人；100岁以上为长寿老人。世界健康组织和老龄救助中心认为60岁是老年的开始点。在中国，传统的分法是50岁以上的称为中老年人，按新的年龄分段，则是以60岁为老年的分化点。结合世界卫生组织发布的标准与景观空间活动的人群的年龄情况，本书中将部分年龄段进行合并：0～17岁为未成年人；18～60岁为青年人；61岁以上为中老年人。

共享康体空间的构建主要面向成年人（18岁以上人群）。从身体机能角度上讲，不同性别在各年龄段均有不同的特征，总体上呈现曲线分布，30～35岁后身体各项机能开始逐步衰退。基于对各年龄段人群的身体机能和活动特点的分析，对共享康体空间进行分类设计，以期满足各年龄段人群的健康运动需求（图2.3-1～图2.3-3）。

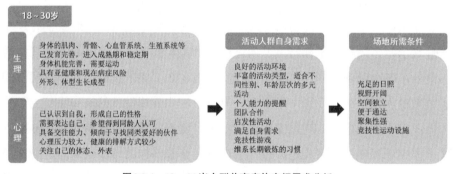

图2.3-1　18～30岁人群共享康体空间需求分析

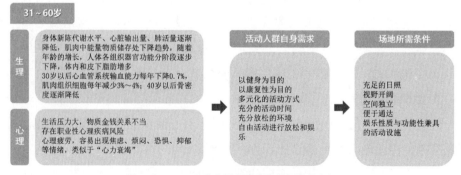

图2.3-2　31～60岁人群共享康体空间需求分析

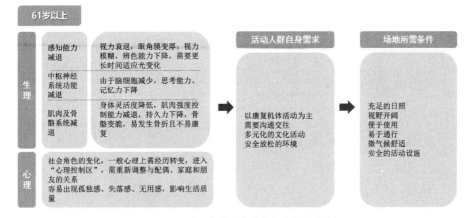

图2.3-3　61岁以上人群共享康体空间需求分析

2）共享康体空间场地的选择与构建

（1）场地的选择。共享康体空间应选择布置在光照条件好（冬至日照时间不小于3h）、地势平整、人流量较大，容易到达的区域。

（2）空间的构建。共享康体空间的构建需考虑南北差异。在北方地区应对于风、光分析决定场地结构空间，一般来说北部为冬季风上风区域，需进行常绿植物密植，形成围合、半围合私密空间，适合休闲交流空间的营造，而南边日照条件好，应种植遮阴植物，相对宽敞，适合开放空间营造。在场地中公共开发场地与休闲交流场地尽量保证场地对角最远距离，保证活动及其流线不重叠。南方地区共享康体空间构建需考虑遮阴需求，尤其是休闲交流空间，必要时可采用构筑物，保证人群的舒适性（图2.3-4、图2.3-5）。

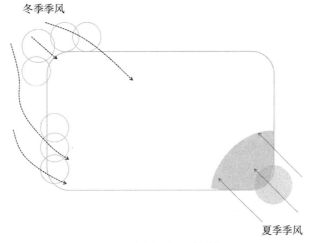

冬季季风

夏季季风

图2.3-4　北方场地风环境分析

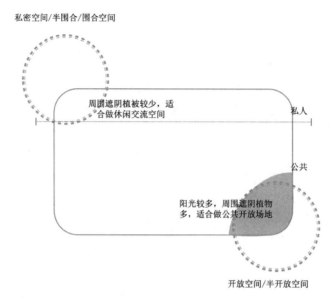

私密空间/半围合/围合空间

周围遮阴植被较少，适合做休闲交流空间

私人

公共

阳光较多，周围遮阴植物多，适合做公共开放场地

开放空间/半开放空间

图2.3-5　共享康体空间构建分析

空间构建过程中应采用动静分区，动态、静态两个区域之间宜有缓冲区域，形式可以是曲折的通道或者是以灌木花草作为隔离的绿化空间，区域内的活动路线和通行路线尽量不要重合；开敞空间可以用围栏、植物等物理元素围合（图2.3-6）。

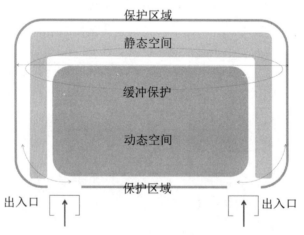

保护区域

静态空间

缓冲保护

动态空间

保护区域

出入口　　　　　　　　　　出入口

图2.3-6　共享康体空间构建分析图

3）设施配置

共享康体空间中配套设施的配置大体可分为两类（表2.3-1）：

类型	设施
基础服务设施	座椅座凳、垃圾箱、庭院灯、储物柜、洗手池、饮水池等
健身设施	手腕转盘、双杠、坐推坐拉器、腰部旋转器、坐蹬训练器、漫步器等（图2.3-7）

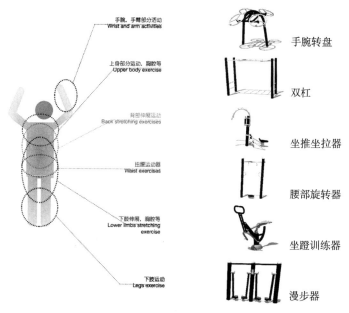

图2.3-7 共享康体空间健身设施分析图

3.疗愈景观空间

1）疗愈景观空间的需求分析

在经济快速发展的背景下，城市人群工作压力大、生活节奏快，造成身心超负荷运转。《2009中国城市健康状况大调查》之城市"白领骨干精英"健康白皮书数据显示，白领人群亚健康比例达76%，真正意义上的"健康人"比例极低，不到3%。中华中医药学会在《亚健康中医临床指南》中对亚健康的定义是"指人体处于健康和疾病之间的一种状态"。因此从健康角度出发，构建景观空间、疗愈功能的重要性逐步凸显。疗愈景观就是调和景观中的各种因素，在发挥其观赏性和互动性的功能的同时，创造出能够促进人体健康的环境，发挥景观参与者和景观的相互作用，在一定程度上舒缓身体与心灵上的不适，增强人体机能，纾解景观参与者的心理压力，助推身心健康发展，提高景观整体的舒适度，满足人们的健康诉求。疗愈景观不再是传统意义上仅应用于医疗场所的功能性景观，而是可以为普通人群提供健康的生活环境和生活方式的景观。

第2章 健康住宅外部环境

2）疗愈景观空间的构建

国外疗愈景观起源于古希腊时期，在特定寺庙中建设的以康复、疗愈为目的的花园。中世纪时期，疗愈景观应用于修道院，为当时的流浪者、老人、孤儿等弱势群体提供抚慰心灵、疗愈身体的场所，后多用于医院，作为功能性景观。当代国外对于疗愈景观的研究早已跳出医疗建筑的范畴，并应用于城市空间。

我国探索疗愈景观及其理念的起源可追溯至古代天人观的发展，中国道家传统理论中的"天人合一"的哲学思想。"天人合一"强调了人与自然之间对立统一、相互影响的关系，也是中医的哲学理论基础。《黄帝内经》中倡导"自然—生物—心理—社会整体医学理论"，认为人与自然界是统一整体，在医理上重视人体结构和各个部分的联系与统一关系，强调"不治已病治未病"的观点，同样适用于疗愈景观。

作为世界第二大医疗体系的中医用阴阳五行理论来解释人体生理、病理以及病因，认为人体一旦阴阳失和，五行生化失常，健康就会失衡。中医通过阴阳五行，使人体从不平衡状态恢复到平衡状态，从而达到治疗疾病效果。

阴阳学说旨在通过探究世界万物运动变化的根源和规律，来说明人体内在组织、生理和病理变化以及人与环境的关系。五行是指金、木、水、火、土五种自然界的基本物质的运动变化；五行学说认为，事物都是由金、木、水、火、土五种物质构成的，五种物质相互依存又相互制约，不断地运动变化，从而促进事物的发生和发展（表2.3-2）。

人体、五行、自然界三者关系表　　　　　　　　　　　表2.3-2

自然界						五行	人体				
五化	五音	五方	五气	五色	五季		五脏	五腑	五官	五感	五志
生	角	东	风	青	春	木	肝	胆	目	视觉	怒
长	徵	南	暑	赤	夏	火	心	小肠	舌	触觉	喜
化	宫	中	湿	黄	长夏	土	脾	胃	口	味觉	思
收	商	西	燥	白	秋	金	肺	大肠	鼻	嗅觉	悲
藏	羽	北	寒	黑	冬	水	肾	膀胱	耳	听觉	恐

如何将传统中医理念应用于疗愈景观发挥景观元素的疗愈功能，是一个复杂的课题，涵盖多个领域，我们通过"五行五感园"案例来具象化内含传统文化属性的疗愈景观空间的构建。

"五行五感园"运用传统"五行"养生之道的景观布局，配合"五音"（宫—

商—角—徵—羽）背景音乐疗法，结合户外五行植物配植，通过对人的五种感知疗愈（色、声、香、味、触），形成独具特色的疗愈景观。

（1）五行布局

古人对于理想环境格局的选择，是通过对自然环境中的多方面因素，诸如地质条件、水文特征、日照状况、微气候等进行评价和筛选的，传统风水理论中，理想的园林环境选址应该是山之南、水之北，负阴抱阳的境地。而传统园林布局是对自然现象的认识，顺应天道，得山川之灵气，受日月之光华，颐养身体，陶冶情操，地灵方出人杰。

"五行五感园"的景观布局是根据传统五行进行自然属性布局（金园、木园、水园、火园、土园），以此为基础配置相应的五行音乐与五行植物，通过五行的相生相克增强环境对于人体的影响（图2.3-8）。

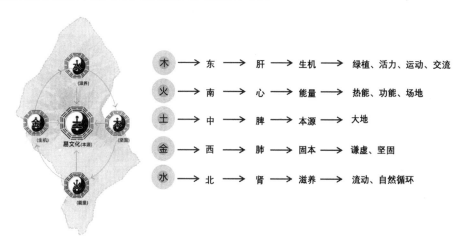

图2.3-8 五行五感园景观五行布局图

五行相生为相互滋生、促进、助长之意。五种物质之间的存在和变化有一定规律和一定次序，表现为木生火，火生土、土生金、金生水，如环无端，生化不息。五行相克为相互制约、克服、抑制之意，五行相克中也有一定规律和一定次序，木克土、土克水、水克火、火克金、金克木。人体器官均有对应五行属性，通过五行属性景观对不同器官的影响，起到疗愈作用（图2.3-9）。

（2）五行音乐

《黄帝内经》早在两千多年前就提出了"五音疗疾"的理论，成为中医五行音乐疗法的鼻祖。书中的"五音疗法"提出"宫音悠扬谐和，旺盛食欲；商音铿锵肃劲，使人安宁；角音调畅平和，善消忧郁；徵音抑扬咏越，抖擞精神；羽

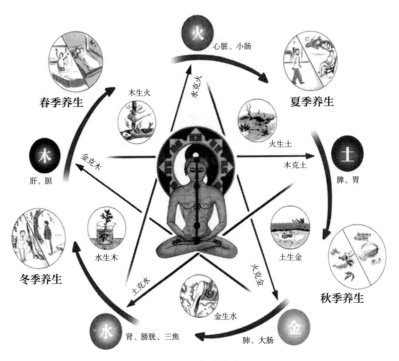

图2.3-9　五行与人体关系图

音柔和透彻，发人遐想，启迪心灵"，五音通过对"五脏"（肝心脾肺肾）产生一定作用，调解"五志"（怒喜思忧恐），从而达到治疗疾病的目的。

五行音乐疗法是结合音乐、医学以及人体五行所产生的一种治愈或辅助治愈疾病的治疗方法。利用五行音乐辅助生物医学模式的治疗，强调心理、自然声环境在治疗中的作用（表2.3-3）。

五行音乐功能与代表曲目对照表　　　　　　　　　　表2.3-3

调式	主音	五行属性	五脏	作用	代表曲目
角	3-Mi	木	肝	具有疏肝解郁、养阳保肝、补心利脾、泻肾火的作用	《庄周梦蝶》
徵	5-So	火	心	具有养阳助心、补脾利肺、泻肝火的作用	《山居吟》
宫	1-Do	土	脾	具备养脾健胃、补肺利肾、泻心火的作用	《春江花月夜》
商	2-Re	金	肺	具备养阴保肺、补肾利肝、泻脾胃虚火之效	《慨古吟》
羽	6-La	水	肾	具有养阴、保肾藏精、补肝利心、泻肺火的作用	《梁祝》

（3）五行植物

植物场通过群体起作用，不同的群落具有不同的景观效果，形成不同的气场，如落叶阔叶林与常绿针叶林，形成的"场"是不同的，前者是壮观开阔的

健康住宅解析

气场，适宜人多热闹的空间，而后者是静谧庄严，适宜人少凝重的空间，或作为背景。

植物在光合作用下，释放氧气和空气负离子，通过专家和学者们的研究，其主要成分为芳香类碳水化合萜烯，能增强人体免疫力。例如雪松释放的气体挥发物质中含有萜烯、乙酰丙酮、薄荷醇等，有提神、活血的功能；银杏的气体挥发物质中的水杨酸类物质有利于心血管保健；藿香、艾叶、苍术等中药的挥发油中含有烯类化合物，这类物质可以调节神经平衡，提高免疫蛋白含量，增强人体呼吸道抵抗力。

由于五行衍生是多方面的，植物五行的分类标准并不唯一，可依据植物叶子的颜色划分，依据植物叶子形状划分，依据植物花朵色彩划分，依据植物保健功能划分。植物能与五行相配，服从五行规律，亦与人的五行相对应。利用人与植物的五行对应关系，可治疗许多疾病（表2.3-4）。

五行植物分类表 表2.3-4

五行属性	五季	五方	五色	五脏	代表植物
木	春	东	青	肝	女贞、杨树、国槐、大叶黄杨等
火	夏	南	赤	心	杏、连翘、牡丹、月季、红继木、杜鹃、紫叶李等
土	长夏	中	黄	脾	海棠、枣树、蜡梅、含笑、萱草等
金	秋	西	白	肺	银杏、雪松、葡萄、麦冬、白玉兰、广玉兰、金叶女贞等
水	冬	北	黑	肾	桃树、蔷薇、鸢尾、睡莲、千屈菜等

"五行五感园"将五行布局、五行音乐与五行植物相融合，作为景观基底，通过"五感"影响进入景观空间人群的身体与心理，从而达到疗愈的目的。

2.3.2 景观专项空间

景观专项空间是指聚焦服务对象需求而构建的景观空间。健康住宅的居住人群是以家庭为单位，中老年人、青年人、儿童各年龄段人群通过不同的组合构成一个家庭，各年龄段人群间存在相互交往。不同人群由于其生理、心理特征的不同，对景观的需求也各不相同，有老人与儿童的家庭对于户外景观空间的需求较高，此外养宠人群的户外活动频率也较高，因此代表性的景观专项空间有健康儿童空间、健康长者空间和宠物乐园空间。

1.健康儿童空间

对于儿童而言，户外活动是以阳光和新鲜空气为伴，是以个体或群体的方式，动用全身感官共同参与的活动。户外活动既满足了孩子爱玩好动的天性，又增加了他们与大自然的接触，对孩子的身心健康发展大有益处。

在城市中，孩子每天在家与学校之间往返，学校和住区已成为儿童日常生活中固定的活动场所，住区的户外环境与儿童的健康成长息息相关。特别是学龄前儿童，因为父母忙于工作，平时大多由祖父母照看，考虑安全因素，住区的儿童活动空间就成为这个年龄段孩子主要的户外活动场所。

健康儿童空间是保障孩子们身心健康成长的户外景观空间，也是家长陪伴孩子的亲子空间。孩子在这里可以互相追逐嬉戏，慢慢地熟悉自己和伙伴，认知自然，提升交流协作能力；家长们在这里陪伴孩子成长，增进亲子关系，分享育儿心得……构建健康儿童活动空间，需从儿童和家长的健康需求分析入手。

1）健康儿童空间需求分析

儿童心理行为的变化发展会随着年龄的增长而有所不同，根据发展心理学的理论，依据年龄将儿童分为4个阶段，分别为：0～3岁婴幼儿期、4～6岁学龄前期、7～12岁儿童中期及13～18岁青少年期。我们可以针对每个年龄段孩子的行为特征、心理需求、亲子陪伴的需求，来构建健康儿童空间。13～18岁的青少年学业负担较重，活动范围大，不确定性多，不在健康儿童空间构建范围内。

0～3岁婴幼儿时期的儿童需要通过不断的触碰、尝试，逐渐熟悉自己的身体，锻炼大脑对身体的控制，以及视觉与触觉的相互配合。

这个阶段的儿童最需要的是互动，最明显的特征是对于探索的好奇与执着，需要从不同的角度观察世界，探索他们周围的环境。同时对精细的物体更感兴趣，例如婴幼儿对小玩具会产生浓厚兴趣。与父母之外的人基本没有交流，只对平时在家中没有听过的声音感兴趣，如大自然中的水流声、鸟叫声等，这些声音能极大地吸引他们，也能激发他们对大自然的兴趣。

4～6岁学龄前期儿童对肌肉的掌控越来越好，使得动作更加精细化，活动水平比整个生命中其他任何时段都高。因此，这个年龄段的儿童要注意安全问题，也要鼓励他们锻炼身体。

学龄前期是意识与智力发展的重要阶段，开始产生自我的概念，模仿是其重要的学习途径，道德行为得到强化，榜样的重要性开始显现。语言能力也得到迅速发展，语法理解能力不断增强，语言表达逐渐从自言自语向社会性语言转变。

这个时期的主导活动是游戏，能够促进学龄前儿童的认知、情感、行为和人格的积极发展。

7～12岁儿童中期，学习成为孩子们的主导活动，可促进这个阶段儿童的心理和社会性的全面发展。营养充足的情况下，这个时期的儿童肌肉协调性和操作能力已经接近成人的水平，可以进行一些有难度的体育活动。此年龄段的儿童最大的特点是喜欢群体游戏，喜欢与"同龄人"嬉戏打闹，游戏玩耍，表现出同龄聚集性。

各年龄段的儿童行为特征、活动时间、活动范围均不同，家长的陪伴方式也在发生变化，因此不同年龄段儿童活动空间构建要点各有不同。

（1）0～3岁婴幼儿时期（表2.3-5）

<table>
<tr><td colspan="3">0～3岁婴幼儿时期健康儿童空间功能需求分析表</td><td>表2.3-5</td></tr>
<tr><td>分项</td><td>特征分析</td><td colspan="2">健康儿童空间构建注意要点</td></tr>
<tr><td>身体</td><td>1.好动、爱奔跑；
2.容易疲惫；
3.抵抗力弱、无防护性；
4.肌肉未发育</td><td colspan="2">1.简单运动活动；
2.注重个人卫生、勤洗手；
3.避免接近危险易碎的东西；
4.周围环境减少尖锐、坚硬物品</td></tr>
<tr><td>心理</td><td>1.注意力不能持久；
2.很好奇，喜欢触摸东西；
3.喜欢熟悉和重复的事物；
4.记忆力不够好，需要提醒</td><td colspan="2">1.安排熟识的活动；
2.提供绘画活动，发挥其想象力；
3.在玩耍中学习</td></tr>
<tr><td>情绪</td><td>1.情绪不稳定；
2.惧怕陌生人；
3.喜欢熟悉的环境；
4.对周围环境很敏感</td><td colspan="2">1.环境色彩温和，给予安全感；
2.人流量不宜过大；
3.周围环境不可噪声过大</td></tr>
<tr><td>社交</td><td>1.依赖性强，但又爱表现独立性；
2.以自己为中心；
3.喜欢说"不"，是第一个反抗时期</td><td colspan="2">1.给予必要的帮助，让他做能力可及的事情；
2.教他学习与他人相处，分享东西；
3.要了解"不"的意思，有时指的是"不能做""不懂"或"什么？"等</td></tr>
</table>

3岁以下婴幼儿，感知能力与活动范围有限，多由祖父母或者保姆看护，其户外活动时间考虑到身体发育特点、作息规律与看护人员的外出习惯，多选择阳光充足，气温适宜的时间段，大多分布在9:00～10:30，16:00～18:00。

活动时间段：

0时　　9:00～10:30　　16:00～18:00　　24时

（2）4～6岁学龄前期（表2.3-6）

4～6岁学龄前期健康儿童空间功能需求分析表　　　　　　　表2.3-6

分项	特征	健康儿童空间构建注意要点
身体	1.发育快速，不停活动，易疲累； 2.大肌肉发育，须伸展手脚； 3.小肌肉发育； 4.声带发育好	1.活动范围尽量宽敞； 2.注重个人卫生、勤洗手； 3.避免接近危险易碎的东西； 4.周围环境减少尖锐、坚硬物品
心理	1.注意力不能持久； 2.喜欢发问，好奇心强； 3.想象力强； 4.时间和空间的观念仍受限制	1.安排互动类的活动； 2.事物简单明了，不宜过于复杂； 3.在玩耍中学习
情绪	1.情绪十分不稳定，会一下子生气，又会一下子全忘了； 2.大发脾气的现象减少； 3.有一定的恐惧感； 4.他的情绪是成人的反射	1.避免周围环境色彩鲜亮、刺眼； 2.避免事和物具有恐怖性； 3.儿童产生摩擦不要过于紧张，引导解决； 4.周围环境不可噪声过大
社交	1.开始寻找喜欢的朋友； 2.玩耍时常会发生争吵、打架； 3.个人主义强烈	1.鼓励跟所有友伴玩，不要只跟自己的友伴一起； 2.教导与人分享

学龄前儿童，考虑幼儿园作息、家长陪同等因素，通常户外活动时间一般分布在17:00～18:30，该阶段幼儿身体掌控能力逐步增强，活动强度变大。

活动时间段：

0时　　　　　　　　　　17:00～18:30　　　24时

（3）7～12岁儿童中期（表2.3-7）

7～12岁儿童中期健康儿童空间功能需求分析表　　　　　　　表2.3-7

分项	特征	健康儿童空间构建注意要点
身体	1.身体发育速度相对减慢； 2.精力充沛，体力持久； 3.不再单独玩耍，可适应团体的游戏； 4.开始踏进青春期	1.喜欢难度高和富挑战性的事物； 2.需要充分休息，动与静的活动要平衡； 3.注重个人卫生

分项	特征	健康儿童空间构建注意要点
心理	1.注意力不能持久； 2.喜欢发问，好奇心强； 3.想象力强； 4.时间和空间的观念仍受限制	1.提供创造性的学习活动； 2.要给予满意的鼓励和支持； 3.注重亲子间的互动交流
情绪	1.容易发泄感情； 2.性情暴躁，失去耐心； 3.有时有隐藏的感受，会惧怕和焦虑	1.学习控制自己的感情； 2.学习严肃和安静； 3.给予情绪上的安全感
社交	1.容易交朋友； 2.人际关系好，渴望他人的接纳； 3.喜欢竞争； 4.喜欢开玩笑，取笑别人	1.学会关心他的朋友； 2.学习开玩笑而不伤害别人的自尊； 3.相互分享学习、竞技经验

7～12岁儿童处于小学阶段，学习时间逐渐延长，喜欢与同龄人玩耍，课外之余需要通过户外活动增强体魄，户外活动时间一般分布在16:30～19:30，活动强度较学龄前儿童大幅提升。

活动时间段：

0时　　　　　　　　　16:30～19:30　　　24时

综上所述，在健康儿童空间构建中应注意以下几点：

安全性：由于儿童游戏时的忘我性，活动空间的材料、设施，以及植物选择应注重安全性；

自然生态性：在健康儿童活动场地构建、植物配置方式等方面应注重自然生态，以满足儿童对于大自然的喜爱与好奇；

趣味性：趣味性活动场地有利于激发儿童创造力，主要表现在儿童活动设施的选择上；

年龄段分区：各年龄段儿童的行为特点、感知能力均不同，且具有同龄聚集性，在健康儿童活动空间构建过程中需分区布置（表2.3-8）。

健康儿童空间年龄分区表　　　　　　　　表 2.3-8

分区	场地构建	颜色侧重	设施选择
婴幼儿活动区	围合空间（不少于2个出入口）、半开放空间	鲜艳颜色，并以暖色为主	以精细、小巧的游戏设施为主，如彩色山丘、摇摇椅、学步栏等
学龄前儿童活动区	半开放空间、开放空间，配合微地形	多种色彩搭配	简单的活动器械，如沙坑、跷跷板等
儿童中期活动区	开放空间，配合微地形	有序简单的色彩搭配，植物的色彩相结合	多人儿童活动器械，如滑梯、传音筒、跑道、综合游戏等
家长交流区	开放空间，紧邻婴幼儿活动区、学龄前儿童活动区，无视线遮挡	以秩序性色彩为主	休息设施、成人活动器械、健康防护设施、储物设施等

2）健康儿童空间场地的选择与构建

健康儿童空间应选择在阳光充足（冬至日照时间不小于3h）、冬季背风区域，地势地形方面不一定是完全平坦的，可巧用原有的地貌地势特点、自然元素资源和基础设施，因地制宜，将活动空间与活动主题相结合，增加趣味性，根据地势设置滑梯、攀爬网、钻洞等，满足儿童攀登、追逐、躲藏、滑行、跳跃、爬行等活动需求，打造各类游戏空间。

3）健康儿童空间材料的选择

健康儿童空间尽可能选择自然材料，如木材、沙、水等构建地形与儿童设施，同时考虑安全性需求，尽可能选择柔性材料，如塑胶地垫、防腐木、PVC等，此类材料具备增加缓冲力度，亲和肌肤，无伤害的特征。

4）健康儿童空间植物的选择与配置

儿童天性喜欢大自然，健康儿童空间中的植物可使他们在自然中获得丰富的感知体验。形态各异、色彩不同的植物能够使儿童获得丰富的视觉体验；不同植物的枝干、茎、叶都有不同的触觉体验；自然中的声音（如风吹树叶的沙沙声）是听觉体验的主要来源；不同植物的气味，花香、果香给予儿童不同的嗅觉体验。

考虑安全性因素，应避免有毒、有刺、有飞絮的植物。在植物配置方面应注意以下几点：

上风方向可采用常绿植物进行密植，起到挡风的作用，保障健康儿童空间场地内风环境良好；

植物配置需保证视线的通透性，可采用两层种植，使家长能时刻关注儿童的活动情况，便于照护；

考虑到日照较强时段空间的舒适性，以及儿童的防护需求，植物配置功能上注重遮阴、驱蚊等功能。

5）健康儿童空间设备的细节选择

座椅应采用安全的木材质，避免采用石材、金属材质。扶手、边角采用倒角的圆弧防撞处理，保证儿童的安全，同时座椅宽度不小于600mm，便于婴幼儿家长使用（图2.3-10）。

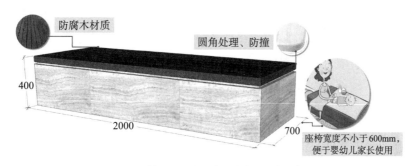

图2.3-10　健康儿童空间座凳人性化细节示意图

为了将孩子磕碰撞概率降到最低，健康儿童空间内禁止设置低于15cm的构筑物与设施，任何设施都要求有一定的间距，即使最小空间也要保证周围没有障碍物，确保设施安全、高效地使用。各区域应用红线划出各活动区的安全间距，保证安全红线内活动互不干扰，防止碰撞，例如小件器械之间保持不少于1m的安全距离，高于76cm的设备安全间距不小于2.7m等（图2.3-11）。

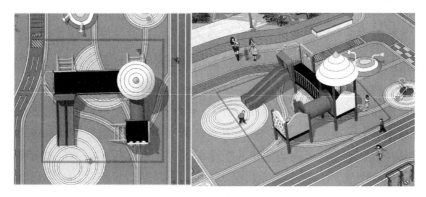

图2.3-11　滑梯安全红线示意图

婴幼儿活动区域铺装充分考虑碰撞的缓冲作用，胶垫厚度尽可能不小于5cm，坡度不大于15°，高度不大于50cm。

健康儿童空间尽可能设置全景监控系统。

2.健康长者空间

中国自21世纪之初进入人口老龄化社会，至今已过去了20多年，人口老龄化程度持续加深，即将步入中度老龄化社会。第七次全国人口普查数据显示，截至2020年11月1日，我国60岁及以上老年人口达到2.64亿人，约占总人口的18.70%；65岁及以上老年人口达到1.90亿人，约占总人口的13.50%，与2000年第五次全国人口普查数据相比，60岁及以上人口比重、65岁及以上人口比重分别上升了8.6个百分点、6.5个百分点。面对着日益严峻的老龄化的趋势，政府积极出台了各类促进健康产业和养老产业发展的政策，以及各种规范性文件，其中包括《关于推进老年宜居环境建设的指导意见》，提出了适老居住环境、适老出行环境、适老健康支持环境、适老生活服务环境、敬老社会文化环境，五大老年宜居环境建设板块，对于老年的宜居环境建设做出了系统的指导。

随着时代的进步，老年人对于生活环境的要求也在不断提升。住区室外景观空间是老年人休闲活动、康复健身的重要场所，健康长者空间是针对老年人身体与心理需求而构建的专属景观空间。

1）健康需求

人步入老年后，由于自身肌体的老化、生活环境的改变，会产生一系列生理和心理的变化，这些变化对老年人的日常行为活动都有一定程度的影响。

和自然界其他生物一样，人类衰老过程中人体机能也会出现一些变化，主要体现在肌体组织细胞和构成物质的流失，新陈代谢的放缓，肌体和器官功能减退等方面。当人进入老年时期，身体的肌肉弹性降低，收缩力减弱，更加容易感觉到疲惫。因此，老年人在户外活动时需要短时间内休息，补充体力。随着年龄的增长，老年人骨骼中无机盐的成分增多，易发生骨折。神经系统的退化导致应激性反应能力缺失，从而使得老年人对周围环境中可能突发的危险并不敏感，表现在他们与外界事物互动时变得迟钝，看上去像慢半拍。因此，老人们会刻意在走路时倍加小心，以免发生意外。身体老化过程中会出现感知能力减退的问题，表现为听觉、视力、味觉、嗅觉的下降。听力感知的下降会影响老年人对身边发生事情的接收与判断，造成与人沟通的障碍，影响正常的社交能力；视觉感知的下降，体现在老年人对于颜色的辨别能力减弱，对于较强的光线有敏感的眩光反应；听觉感知的下降，表现在对于声音的敏感度降低，辨识声音困难；味觉，嗅觉感知能力的下降，影响着老人对于食物的兴趣。

身体机能的变化导致老年人的行为活动模式发生改变，例如温度冷热影响外出锻炼社交，声音大小影响睡觉休息等。健康长者空间需要带给老年人最佳的身体感受，使他们的行为活动少受或不受身体机能变化带来的影响。例如健康长者空间选址应考虑老年人活动范围；导视系统的设置应简单、易懂且醒目；运动设施的选择应考虑安全性、锻炼强度与锻炼部位，以满足老年人锻炼身体的需求等。

身体机能的变化，生活节奏的改变使得老年人心理需求方面也会发生变化。比如害怕陌生环境，担心会发生不可预见的危险，而这种心理会阻碍他们到户外环境中进行交往和运动。健康长者空间的构建，为老年人提供安全、舒适、健康的环境，促使老年人外出与人交谈，结交更多的朋友；寻求新的兴趣爱好实现自我价值（表2.3-9）。

老年人生理与心理特征表　　　　　　　　　　表2.3-9

分类	特征	具体表现
生理特征	感知能力退化	视力衰退多伴随白内障、青光眼等疾病；眼角膜变厚，视力模糊，辨色能力下降，需要较长的时间适应光线变化；经常性短时间失去听力；对高频声音不敏感
	中枢神经系统功能衰退	由于脑细胞的减少，思考能力降低、记忆力衰退；不愿意离开他们熟悉的环境
	肌肉及骨骼系统的变化	普遍会感觉到自己灵活性下降，肌肉的强度以及控制能力也不断减退；骨骼也随年龄的增长逐步变脆，再生能力降低，易骨折
	对环境适应能力退化	新陈代谢减慢，对温度、湿度和气候的变化很敏感，感冒、风湿病和其他老年性疾病随之诱发
	抗病能力退化	常患有各种慢性病，易出现并发症，导致失去生活自理能力
心理特征	一般心理特点	一般心理上都经历一个较大的转变（如退休），主要表现为各方面，如思想上、生活上、情绪上、习惯上以及人际关系上的不适
	不良心理特点	中老年人社会角色发生变化，失去了一直从事的职业，从对子女的义务中解放出来，对儿女的生活依赖性增大，收入减少，闲暇时间增加，使得中老年人容易产生许多消极心理，失落感、孤独感、恐惧感，影响其生活质量

2）健康长者空间需求

适当的活动与运动可促进老年人身心健康、丰富其日常生活。室外活动空间对于提升中老年人生活品质具有重要意义。合理的场地功能布置与设施配置需充分考虑中老年人实际需求（图2.3-12）。

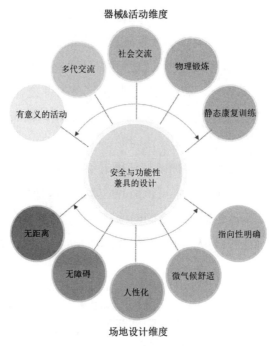

器械&活动维度

社会交流

多代交流　　物理锻炼

有意义的活动　　静态康复训练

安全与功能性
兼具的设计

无距离　　指向性明确

无障碍　　微气候舒适

人性化

场地设计维度

图2.3-12　老年人需求示意图

3）健康长者空间场地构建

由于中老年人的体力下降，生理机能衰退，活动的范围较小。因此，健康长者空间尽可能选择邻近住宅、易于前往的区域。考虑到老年人记忆力下降易失去方向感的因素，应选择行动路线简单的景观区域。

健康长者空间场地结构由风光分析决定，由于风光条件因素，上风方向需密植植物，创造良好的风环境，适合围合空间，营造老年人专属社交空间，遮阴植物较少区域适合开放空间营造。在场地中，公共活动区域与私密社交区域尽量保证场地对角最远距离，以保证活动及其流线不重叠（图2.3-13、图2.3-14）。

4）健康长者空间的健身器械及器材

由于中老年人身体素质的特殊性，选择适宜的康体运动显得尤为重要，针对不同健康状况的老年群体，健康住区中需要考虑配备老年群体专属的运动器械及器材，并提供相应的活动空间和健康氛围（表2.3-10及表2.3-11）。

5）健康长者空间细节处理

老年人视力有所下降，可以通过强烈的色彩变化刺激视觉神经，提高老年人对环境的感知能力，应该在原来照度设计标准的基础上适度地提高。同时，要加强照度的均匀性，老年人对明暗转换的适应能力和年轻人相比相对较差，过强的

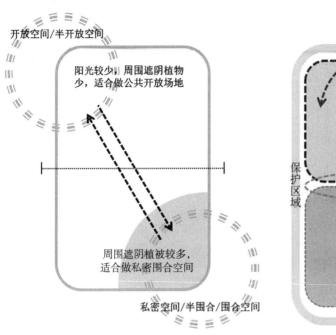

图2.3-13 场地光照分析示意图

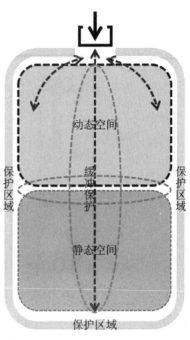

图2.3-14 空间动静分析示意图

老年人活动与器械分析表 表2.3-10

病状	注意事项	推荐器械及活动
冠心病	锻炼宜晚不宜早，心脏病患者进行体育锻炼最好避开心脏病发作的"清晨峰"，安排在晚上或下午为好，锻炼全身及局部	跳交谊舞、做广播操、打太极拳
高血压	体力活动程度越高，高血压的发病率越低，忌做鼓劲憋气、快速旋转、用力剧烈和深度低头的运动动作	步行、慢跑、打太极拳、做医疗体操、打羽毛球、骑自行车
肩关节周围炎	患者肩怕冷，忌吹风	用健肢同患肢做头上举的动作；用患手摸背以及用患肢顺墙向上爬摸；跳交谊舞
慢性腰腿疼	运动中不应超量负重锻炼，以免引起新的损伤	打太极拳、做五禽戏、做体操、散步、慢跑、打门球以及退步行走
阿尔茨海默病	忌精神刺激、喜怒无常、惊恐思虑，忌高难度器械组合，建议开放性或者社会性强活动	快步走，手指旋转钢球或胡桃，双手伸展握拳运动，头颈左右旋转运动
骨质疏松	忌做快速旋转、用力剧烈，防止跌倒	适当活动肩、肘、腕、手指、髋部、膝等关节、踏脚、行走
颈椎病	忌做超过颈部耐量的活动或运动，如以头颈部为负重支撑点的人体倒立或翻筋斗等	打太极拳和做体操，伸懒腰
腰椎间盘突出	不要使用爆发力，剧烈运动会加剧突出物对神经的摩擦刺激，不利于神经水肿和炎症的消退	伸腰、挺胸活动，并使用宽的腰带，应加强腰背肌训练

名称	图片	作用
漫步机		增强身体四肢柔韧性、协调性，增强手臂、腿部力量，同时对背部有很好的按摩功效，促进血液循环，改善心肺功能
扭腰器		增强腰部，腹部肌肉力量，改善腰椎及髋关节柔韧性、灵活性，利于健美体形。较大幅度转腰活动能使腰部肌肉牵张放松，起到通经活络、促进气血畅通，强腰固肾作用
双人肩关节康复器		稳定肌群：腹直肌、胸大肌、三角肌前束、三角肌后束、菱形肌、髋内收肌、肱三头肌
太极云手		可综合训练手臂、腹、臂、背、胸、腿、臀部等肌肉，塑造形体，增强人体协调性，有更多趣味的锻炼选择
双人腰背按摩器		增强背部、肩部周围肌肉，增强肌肉的弹性，以保持良好的上肢技能
上肢牵引器		增强上肢、肩部、胸部、腹部及背部肌群的力量和柔韧性、提高上肢关节的稳定性，改善协调性和平衡能力。对肩、肘、腕关节功能性障碍等有康复作用

健康住宅解析

明暗反差将会造成行动的不便；可以利用一些发声装置，帮助老人确立自己所处位置及周边环境；住区全部实行无障碍通行设计；健康长者空间铺装应采用透水防滑铺装，多设置座椅供老年人休息。

植物选择上避免带刺带异味的植物，以安全性、特色性、功能性为主，引入四季香花植物，保证四时景观，利用植物的精心配置，给人最舒适的视觉和嗅觉体验。

健康长者空间尽可能选择提供舒适环境的基础设施，如驱蚊灯；操作简单的服务设施，如多媒体显示栏；老年人喜爱的娱乐设施，如棋牌桌等（表2.3-12）。

健康长者空间设施　　　　　　　　　　　　　　　表2.3-12

果皮箱		可移动棋牌桌	
急救医药箱		庭院灯	
自动售卖机		草坪灯	
多功能显示屏		壁灯	
植物认知码		驱蚊灯	

3.宠物乐园空间

宠物作为人类的伙伴，一起生活，可以缓解孤独感，舒缓压力，营造快乐、幸福的生活氛围，有益身心健康。

报告显示，2021年我国饲养犬猫的人群数量达到6844万人，较2020年增加8.7%。随着住区内宠物数量的逐年增加，出现了诸多问题和矛盾，例如宠物随地大小便造成的住区卫生问题；宠物叫声造成的扰民问题；宠物伤人造成的邻里矛盾；宠物卫生防护意识淡薄造成的寄生虫与病毒的传播等，同时，很多城市出台相关规范限制宠物的活动空间。宠物生性活泼，每日需要一定的运动量，活动空间受限，缺乏运动，宠物易患肥胖症、抑郁症、焦躁症等疾病，因此，住区的室外环境作为宠物户外活动的主要场所，宠物专项景观空间的设置越来越显得迫切。宠物特定的活动空间称之为宠物乐园空间，该空间能够为宠物及其主人提供自在的活动场所，将宠物与非养宠居民隔离，适当地和缓因宠物诱发的住区卫生、邻里矛盾等问题。

1）宠物乐园空间构建的需求分析（图2.3-15）

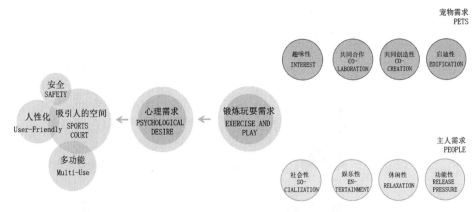

图2.3-15　宠物需求示意图

宠物嬉戏的同时，为宠物主人提供运动的活动空间；

满足爱宠人士交流分享需求的休息、交流空间；

保障安全，满足宠物和主人需求的各项服务设施；

增进宠物与主人互动的训练设施。

2）宠物乐园空间的构建

宠物乐园空间的选址要求：

为保证居民的健康生活，避免宠物对人造成伤害，选址尽可能避开楼栋间的组团空间以及人流相对集中的活动区域。

宠物乐园空间的功能分区：

根据需求分析，宠物乐园的功能分区为：宠物活动区、主人等候交流区、出入区、宠物服务区等（表2.3-13）。

宠物乐园空间功能分区表

表2.3-13

分区	功能	设施选择
出入区	防止宠物四处奔跑、藏匿	指示牌、警示牌、单层门或双层门等
宠物活动区	宠物主要奔跑、嬉戏、训练的活动空间	平衡木、绕桩、跨栏等
主人等候交流区	宠物主人休息交流的空间	座椅座凳、凉亭、拴狗桩、信息宣传栏等
宠物服务区	帮助宠物解决口渴、排泄等生理需求的空间	洗手池、饮水设施、宠物厕所、粪便收集器等

3）宠物乐园空间植物的选择与配置

宠物的排泄物、毛发容易产生异味，因此，宠物活动区植物选择侧重于芳香型且对宠物无毒无刺激的植物，虽不能完全根除这类异味，但能够起到缓解作用。例如乔木：国槐、樟树、桂花树等；灌木：茉莉花、栀子花、蜡梅等；藤本植物：金银花、紫藤等；草本植物：薄荷、鼠尾草、薰衣草、萱草等。植物配置方面应当注意以下几点：

邻近住宅侧植物配置应采用多层组团种植方式，起到隔绝视线，隔声降噪的作用，保证住宅的私密性；

宠物乐园区域内植物配置可采用草坪+乔木的方式，在保证视野通透性和活动灵活性的同时，也能满足遮阴功能；

宠物围栏外层可以增加一道绿篱围合，防止小型宠物的钻出，同时可以软化围栏与景观环境的冲突感。

4）宠物乐园空间的色彩搭配

宠物乐园中以宠物犬为主，犬类能看清50m范围内的固定目标，处于运动状态的感知范围在825m以内。犬类为红绿色盲，仅能感受到蓝色、灰色以及黄色，不能对色彩变化进行辨认，能够较为细微地分辨灰色的色彩程度，对物体明暗的变化较为敏感，因此在其色彩搭配上对于宠物犬只需考虑黑白灰的关系。色彩的选择与搭配应与住区整体相协调统一即可。

5）宠物乐园空间的细节处理

宠物乐园空间外围设置围栏，需兼顾不同体型的宠物，围栏高度可设置在

1.5～1.8m，间隔一般控制在10～15cm之间。在围栏的材质方面，一般选择金属类材质，可防止宠物的抓痕破坏围栏的美观。

材质选择方面根据功能特性尽可能采用天然材质，例如沙地大小便池周围的铺装宜采用天然的石材、木材等；公犬在小便时需要借助一根支柱，支柱的材质尽量不要采用木材，会滋生细菌，长期使用会腐烂发臭，应选用耐腐蚀耐磨的石材。

宠物的饮水设施和主人的洗手设施尽可能选择一体产品，上方为主人的洗手池，下方为适合大中小型宠物的饮水设备，宠物们的饮水设备通常选用感应式的喷头饮水，一方面方便主人和宠物的行为，另一方面避免交叉感染，传播细菌。

垃圾箱分类方面应当在可回收垃圾箱和不可回收垃圾箱之外，再单独设置宠物大小便垃圾箱，防止细菌的二次污染，影响住区的卫生环境。

6）宠物乐园空间的服务管理

智能化的宣传设备用于普及宠物疫苗与防疫知识，帮助养宠人群建立良好的意识，自觉、定期给宠物接种疫苗，做好防护工作；

宠物乐园空间应进行定期清洁与消杀，避免寄生虫与病毒的传播；

条件允许的情况下，宠物的卫生用品箱需要配备卫生纸、宠物大小便一次性袋子等用品，及时处理宠物未能及时到大小便沙地，而随地大小便后的卫生问题。

第 3 章

健康住宅室内环境

随着经济的发展，城市密度不断提高，在当今快节奏的生活环境下，人们对于健康问题的关注日益增加，居住环境与健康的关系一直是最被关注的问题，健康住宅及健康社区反映着居民的健康指数及生活模式等。

住宅与周围环境的关系，居住室内空间与人的行为，居住空间与健康的关系，都是需要综合考虑的因素。如何提高居住环境的质量，不仅是环境本身层面的问题，更是个人居住与社区层面的问题，如何打破传统住宅原有格局，创新多功能社交空间，在户内空间中增添更多新时代人居元素，让生活更加舒适，让体验更加完美，已经成为居住者的必然需求，亦是健康居住空间环境所具备的必备因素。

同时住宅空间作为家庭活动最重要的生活场所，与生活密切相关，居住室内空间健康环境的营造直接影响着居住者的身心健康，早在1986年世界卫生组织对影响健康的因素进行过如下总结：

健康=60%生活方式+15%遗传因素+10%社会因素+8%医疗因素+7%气候因素。

由此可见，健康生活指的不仅是基本层面的健康，更包含了心理层面的健康、社交层面的健康以及思想层面的健康。基于以上因素，本章节从室内环境需求出发，围绕如何打造"健康"的居住环境，改善环境缺陷，优化空间功能，从多维度、多角度呈现健康住宅的室内空间特性，倡导"以人为本，天、地、人、宅和谐统一"的可持续发展的绿色理念，从而营造符合健康需求的住宅室内空间场所，健康需求（图3-1）。

伴随着生活方式的改变，居住空间的功能也要随着人们的居住需求而改变，具有健康的适应性居住空间是人们永恒不变的追求，也是社会发展的必然趋势。同时居住空间设计应适应社会的发展、居住模式的发展需求。

基于以上多维度的健康需求，健康住宅需要与居住空间的适应性有机结合，并寻求与居住空间适应性的契合点，就是从居住行为的主体需求出发，以健康住宅理念为支撑，将健康住宅与室内居住空间适应性相融合，深入挖掘居住空间如何适应使用者的需求变化，从而为营造适应居住者自身活动的居住空间奠定基

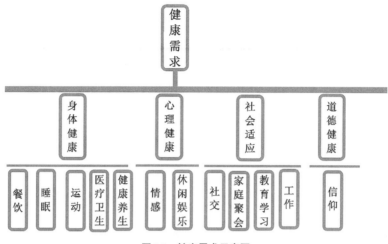

图3-1 健康需求示意图

础。适应性健康居住空间应遵循以下理念：

在符合居住功能和绿色发展理念的基础上，通过营造健康的绿色环境、升级硬件设施与服务促进居住者生理、心理、道德和社会适应等多层次健康水平提升的居住环境，最终引导居住者形成健康的行为模式，让健康促进成为社会的广泛共识。

本章节围绕如何打造健康的室内居住空间，分析当前居住环境的现状及产生的问题，分别从物理环境、空间功能、空间人性化关怀、老龄生长空间等方面，围绕影响居住者身体及心理健康两方面展开何为健康的室内居住环境的论述。

3.1 健康居住室内环境概述与分析

3.1.1 居住环境的现状问题及原因

1.现代城市与亚健康

随着经济的发展，城市密度不断提高，房价也日益高涨，可用空间日益减少。在高节奏现代城市的环境下，人的健康问题日益严重（图3.1-1）。

2.传统住宅的空间缺陷

目前传统的户型并不能很好地适应现在的生活模式，存在着缺乏交流、可变性差、缺乏活动空间的问题。这也是导致都市亚健康问题日益严重的原因之一。

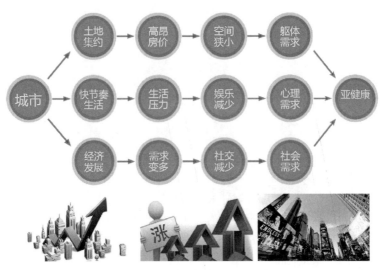

图3.1-1　现代城市与亚健康关系图示

通过对传统户型问题的归纳，传统户型的缺陷主要分为三大类：环境型缺陷、功能型缺陷及社会型缺陷（图3.1-2）。

1）环境型缺陷与健康

（1）空气污染对居住健康的影响

首先，现代燃油机的普及更是使得城市空间污染加剧，而大量装修材料的使用，使得挥发性有机物增加（图3.1-3）。

图3.1-2　传统户型缺陷示意

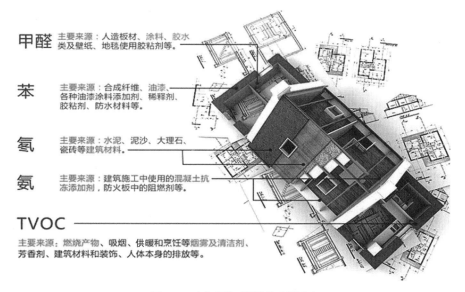

甲醛 —— 主要来源：人造板材、涂料、胶水类及壁纸、地毯使用胶粘剂等。

苯 —— 主要来源：合成纤维、油漆、各种油漆涂料添加剂、稀释剂、胶粘剂、防水材料等。

氡 —— 主要来源：水泥、泥沙、大理石、瓷砖等建筑材料。

氨 —— 主要来源：建筑施工中使用的混凝土抗冻添加剂、防火板中的阻燃剂等。

TVOC —— 主要来源：燃烧产物、吸烟、供暖和烹饪等烟雾及清洁剂、芳香剂、建筑材料和装饰、人体本身的排放等。

图3.1-3　空气污染对居住健康的影响

　　装饰材料造成的室内空气污染及对人群健康的危害已引起国内外诸多学者的广泛关注。有的地区装修后的居室内甲醛浓度达到1.28mg/m³，超过国家卫生标准25.6倍，目前由建筑装饰材料所引发的室内空气质量问题已成为环境科学、建筑学和预防医学等有关学科领域研究的热点。使用的建筑装饰材料不同，其释放的污染物种类及数量也有很大差异。

　　（2）噪声对居住健康的影响（图3.1-4）

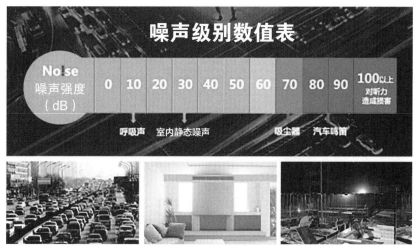

图3.1-4　噪声级别数值表

有关噪声方面的研究表明，人们对噪声尤其是持续性噪声的适应是很快的，人类对噪声的高度适应能力，恰恰掩盖了它对人身心健康的危害。这些危害主要表现在：首先对人的听觉器官产生伤害，听力下降；其次造成心理危害。因此，室内居住环境噪声的控制措施，直接影响居住者的身心健康（图3.1-5）。

图3.1-5　城市居住环境示意图

现代都市往往变身为一座座铁灰色的水泥丛林，将自然隔离在人们的生活之外。积极稳妥地推进城市化，已成为我国基本发展战略。城市化的快速发展，可以促进经济、社会的发展，为城镇居民提供优越的物质文化生活，但同时也会造成一定程度的环境污染，影响居民的身体健康。

2）功能型缺陷与健康

（1）功能型缺陷——居住空间新需求倍增

随着经济的发展，在信息时代生活的人们拥有更多新要求，例如更多的沟通、更好的健康要求等，这也导致居住功能需求日益复杂化（图3.1-6）。

如图所示，传统的户型结构及功能空间已经不能完全满足家庭社交、亲子互动、办公以及其他针对个人生活习惯的个性化功能需求。

（2）功能型缺陷——居住空间与时间的矛盾

首先，当我们在家的时候在做什么，让我们用简单的图标来梳理一下，我们和我们的家庭成员在家中活动，以及这些活动所发生的地点吧。

如图3.1-7所示，"家庭活动空间图"中将家庭活动的内容和空间做了区分，如：红色为在客厅的活动，蓝色为在卫生间等的活动，显而易见红色区域空间承载了更多行为活动。

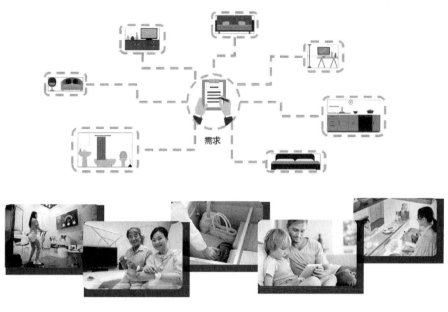

图3.1-6 居住空间功能需求示意图

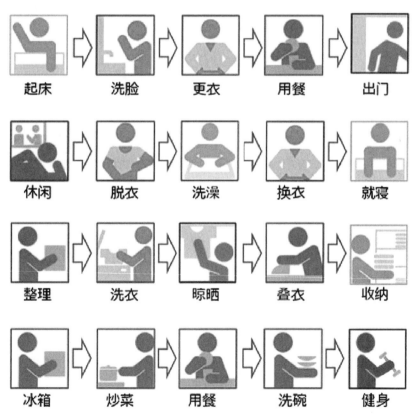

起床	洗脸	更衣	用餐	出门
休闲	脱衣	洗澡	换衣	就寝
整理	洗衣	晾晒	叠衣	收纳
冰箱	炒菜	用餐	洗碗	健身

图3.1-7 家庭活动空间研究——"空间"

其次，在一天的时间中我们都在做什么？家庭成员的活动跟其年龄以及生活方式相关，每个时间段都展现了不同的家庭生活场景，让我们用简单的图标来梳理一下在不同时间段家庭成员在家中的活动轨迹，以一家五口的主干家庭为例，在普通工作日的一天时间内三代人各自的活动内容也各不相同（图3.1-8）。

在一天的时间中我们都在做什么？让我们用简单的图标的方式来梳理一下我们和我们的家庭成员在家中活动，不同时间段的功能需求在变化。
以一家五口的主干家庭为例，在普通工作日的一天时间内三代人各自的活动内容也各不相同。

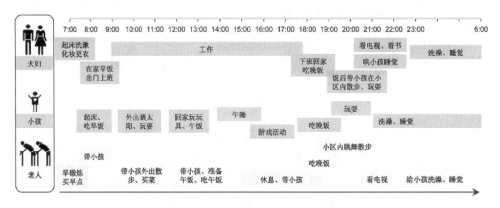

图3.1-8　家庭活动24h行为研究——"时间"

另外在休息日中，一家五口的功能活动则更加随机，通常都共同行动：外出旅游则与上班类似，时间更早；家务整理则是起床—收拾房间—清扫—洗涤—做饭—晾晒等；聚会模式则是整理—购物—备餐—就餐—茶话等（图3.1-9）。

（3）功能型缺陷——家庭结构变化加速

在人的一生中我们都处在什么状态，在过去主干家庭（即父母和一个已婚子女或未婚兄弟姐妹生活在一起所组成的家庭）占到了中国式家庭样本的绝大多数。但随着社会经济的发展，主干家庭比例减少，家庭结构日趋多样化，不同家庭阶段的功能需求也在不断变化。用简单的图表方式来梳理一下我们和我们的家庭成员的变化，以一个普通城市家庭为例，列举了各个不同阶段可能出现的家庭状态（图3.1-10）。

3）社会型缺陷与健康

随着信息时代的来临，人们的社会属性日益重要，对社会交往层面的需求日益提升，而传统户型空间致力于满足人的生理层次需求，忽略人的心理和社会需

聚会模式 旅游模式 家务模式

而在休息日一家五口的功能活动则更加随机，通常都共同行动：
外出旅游则与上班类似，时间更早；
家务整理则是起床 - 收拾房间 - 清扫 - 洗涤 - 做饭 - 晾晒等；
聚会模式则是整理 - 购物 - 备餐 - 就餐 - 茶话等。

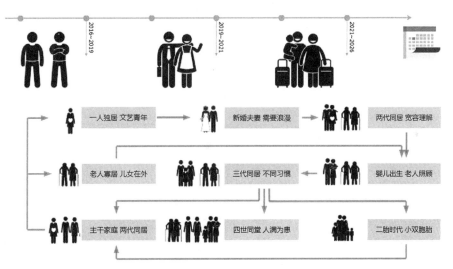

图3.1-9　家庭活动多模式行为研究——"模式"

全生命周期户型

两人世界　　　　　三口之家　　　　　三代同堂

图3.1-10　家庭结构变化模式需求示意图

求，同时最顶端的自我实现需求更是无从谈起，从而无法提供由于生活中社交需求的提升而带来的大信息量交流空间。

（1）单独社交空间的建立——多功能空间设置以满足家庭外部成员娱乐社交

根据不同的家庭类型，利用空间自身的可变性，适应不同的空间功能需求，可在室内空间中设置多功能间，当家庭为外向交往型时，家庭朋友较多，多功能空间设置为健身房、娱乐室等，以满足朋友聚会休闲娱乐等功能。

（2）空间功能的延伸——开敞空间的多功能社交属性

传统单一独立功能空间功能使用具有其局限性与不合理性，尤其对于以家庭为单位的居住空间来说，生活化的日常事务并不是所有活动都能彼此独立毫不干涉，比如看书与休闲可以结合、娱乐与会客可以结合、餐饮与娱乐也可以结合。如果在居住空间中将所有功能完全彼此独立，会很大程度上降低居家生活的舒适度，从而造成隐性的紧张感与生硬感，而健康的室内空间环境需要注重居住者的情感交流及心理健康，需要将各功能空间有效地联结在一起，遵循空间的"链接""灵变"的特性，从而构建用以满足家庭内部温馨生活的情感交流诉求的空间。以下空间以起居—餐厅—厨房等空间的功能拓展为例，从而延伸出新的家庭生活方式（图3.1-11）。

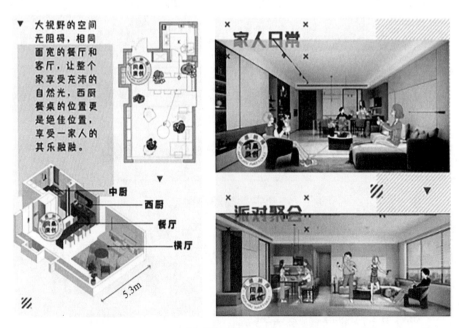

图3.1-11　家庭社交空间"客餐厨"空间场景

（3）家庭教育、亲子互动空间的建立

随着终身学习的教育理念深入人心，家庭教育愈发被人重视，需要更加灵活的亲子活动、教育教学空间，而传统的居住空间无法满足此需求，健康良性的亲子互动，需要陪伴交流，与孩子共同成长、共同学习的生活空间。

亲子空间之"儿童成长力"的培养：

善用儿童天性，让学习变成习惯，让陪伴变得简单，如何在家庭空间中体现更多儿童关怀，通过空间人性化功能的植入，从而达到实现亲子互动，培养儿童学习能力及自理能力的目的，建立起健康良性的家庭互动亲子关系（图3.1-12）。

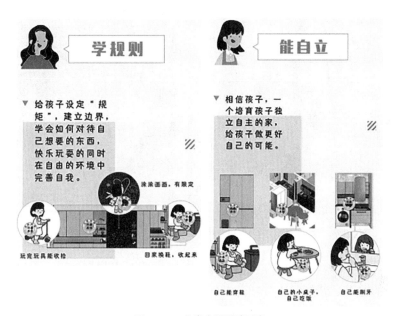

图3.1-12　儿童空间活动示意

亲子空间之"学习空间的建立"：

空间中如何融入陪伴孩子的学习及阅读功能，更是需要重点布局的内容（图3.1-13）。

3.1.2　居住室内环境对人健康的影响

1.住宅室内空间的物理因素对健康的影响

室内物理环境作为居住环境质量的重要组成部分，与人的健康有着直接的关系。它包括室内光环境、热环境、声环境和室内空气质量。健康住宅居住空间适

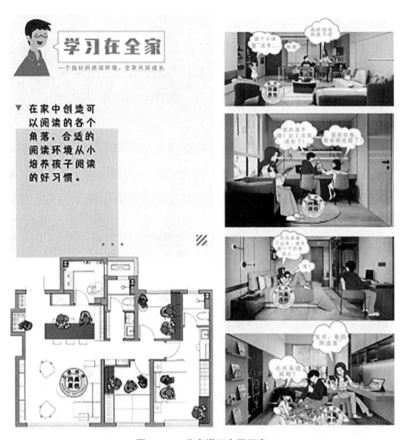

图3.1-13　儿童学习空间示意

应性设计首先要做到室内物理环境适应，其营造的室内物理环境需具备充足的日照、良好的通风、新鲜的空气、适宜的温度与湿度、无噪声等，除此之外，居住空间内色彩的应用也对人的视觉及心理健康产生影响，具体影响如下：

1）室内色彩搭配对人健康的影响

色彩的明度、纯度、色相都会对人的心理产生不同的影响。居住空间的色彩选择要根据居住者的性别、年龄、需求、性格等搭配，满足视觉舒适度、心理需求、精神需求，从而创造健康舒适的室内环境。

2）色彩与室内温度

不同的颜色，冷暖色相，纯度、明度都可以影响人对于室内的温度感受。所以，在室内环境中，要善于根据地区、环境的不同来变换室内的配色。例如：在我国内蒙古地区，帐篷里面的颜色多采用暖色调，在寒冷的草原上才觉得更加温暖；在湿热的南方热带地区，应多采用冷色调为主的室内色彩，在燥热的天气里才不会感觉到特别的炎热。

3）调节室内的空间层次感

在室内空间环境中，色彩可以帮助人们产生不同的空间感及进深感，在狭小的空间里，可以利用暖色、高纯度、高明度的色彩的配色来使空间有扩充感。在室内公共空间环境中，利用渐变来形成空间的层次感、进深感，既增加了空间的趣味性，又扩大了空间的视觉面积。

在室内环境中，色彩的搭配占据着越来越重要的作用，色彩影响着居住人群的心理、室内的色温、室内的空间层次感、室内的光感，并且反映着居住者的性格；只有充分地了解色彩对于居住者视觉感官及心理健康的影响，设计才能更充分地体现空间的健康性。

2.室内空间功能的完善对居者健康的影响

1）室内空间舒适性尺度

在住宅室内空间中，对功能空间的舒适性要求是生理健康的主要体现，这种舒适性要求包括居住面积的扩大和房间数量的增多，更重要的是要拥有一个与家庭生活需求相适应的舒适尺度。居住空间在使用上的舒适安全便利是保证居住舒适度的基本前提，因此，健康的室内空间需根据住户的个性化生活需求，有针对性地思考对居住空间内的功能空间数量、空间秩序、空间尺度、家具设施配置等方面展开布局，为居住者营造良好的室内空间环境，满足使用的舒适性，同时住宅室内功能空间包括起居室、卧室、厨房、卫生间等，空间数量要根据住户的人口结构和生活方式，以及人的生理和心理需求，其相适应面积主要取决于生活所必须的设施设备以及家具布置等所需的面积。

若功能空间的面积过小会显得拥挤，过大则会失去家庭的温馨。因此适宜的尺度可以满足居住者生理和心理等方面的需要，体现了健康住宅对居住者的人文关怀。

同时，住宅室内空间的舒适性应以居住者的家庭生活行为模式为标准满足居住者的生理和心理需求。通过细化功能空间和设备配置，满足家庭成员各自对私密性的要求，减少彼此的干扰。在设计中，对居住者的过往和停留空间进行合理布局，做到动静分区、内外分区、主次分区、洁污分区，即功能分区需划分明确，使功能空间合理地组织在一起，以确保不同性质的生活行为不受干扰，同时根据家庭的人口结构、个人爱好、职业特点等选择适应不同家庭特点的空间形式，从而实现居住者对生活环境舒适性的要求。居住空间场景呈现（图3.1-14）。

第3章　健康住宅室内环境

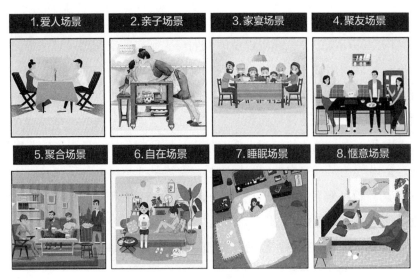

图3.1-14　八大美好生活场景示意

　　同时空间要求的功能不同，就需要空间功能内部的面积划分与以往传统的户型有所区分，根据不同的功能，合理地安排空间，满足居者的健康生活需求，从根本上改善居住环境，真正意义上做到人性化关怀（图3.1-15、图3.1-16）。

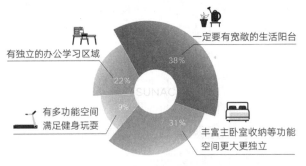

图3.1-15　空间功能需求配比01

图3.1-16　空间功能需求配比02

　　综上所述，居住空间的多元化需求得到满足的同时，就会对空间面积分配以及各空间人性化细节的要求更为具体，这就要求空间布局在满足功能的前提下，适应人舒适性需求。

2）室内空间布局适应居住者的健康需求

（1）空间布局合理

健康住宅的室内空间布局包括合理的功能空间布置和合理的尺度比例分配。居住空间适应性的目标是创造使人方便舒适的生活环境，因此健康的居住空间需做到分区明确、布置合理、紧凑尺度，进而适应人们居住生活的健康生理需求。

（2）空间结构适用

健康住宅的室内空间结构强调空间的实用性，以满足居住者的健康需求。具有健康适应性的居住空间结构要求满足人们多样化的居住需求，这就需要将健康住宅理念引入居住空间环境中，从而提升空间结构适应性。将健康住宅理念与居住空间适应性设计相融合，以此来体现居住空间的健康性。

3）室内空间安全性因素

安全性是住宅空间关注的重点，住宅的安全性包含着更广泛的内容，不只是普通意义的防火防盗、抗震等问题，还体现在住宅入口、过道、卫生间等空间做无障碍设计，提升居家生活的安全性。

3.室内空间环境与居者心理健康

1）归属感

室内空间还需针对不同群体的特殊需求营造归属感。儿童、青年和老年人的心理特点不同，与之相适应的室内居住空间也存在很大的差别。儿童多动而且兴趣多变，依赖性较强，对事物的理解力和判断力较弱，具有强烈的好奇心和求知欲，因此，其卧室大面积选用柔和色调，并用纯色点缀局部，不但可以使空间灵动活泼，还可以增强儿童对空间的识别性。青年人总是保持一种探索和奋斗的精神，对新鲜事物具有高度的敏锐感和洞察力，对社会和家庭等问题也均有自己独到的见解，因此，他们相对重视卧室空间的分割和色彩协调关系，同时注重家具间组合所呈现的空间效果。老年人则较注重空间的实用性及安全性。所以，健康的居住空间需要针对儿童、青年和老年人心理特点的不同，创造适应于他们生活的良好居住环境，以满足家庭成员各自的心理需求，促进家庭生活的和谐，营造居住空间真正意义上"家"的归属感。此外，空间需满足功能上的需求及审美上的需要，同时通过不同空间场景的呈现，为居者提供全新的家庭互动模式，以符合不同人的生活习惯、行为特性，使居者在其中按照自己的意愿去生活，从而在精神上找到一种归属感，提高生活的幸福指数。

老年人六大需求，如下：

01 交往需求　　02 心理安全需求　　03 生理健康需求

04 自我需求　　05 亲近自然需求　　06 心理关照需求

2）安全性

房间动线实现"洄游性"，每个房间可以通过两种途径到达，保障看护人能够及时救助。卫生间及浴室设置必要的辅助设施，采用推拉门，餐厨采用开放式空间，实现护理人员开阔的观察视野（图3.1-17）。

3）使用便利性

门厅设置更衣换鞋用的门厅柜及椅凳空间，便于出入使用，起居室设置阳台，阳台配套低柜供老人储藏杂物（图3.1-18）。

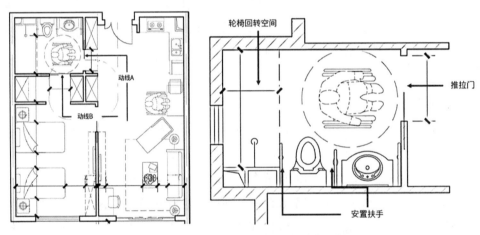

图3.1-17　老年人户型双动线、卫浴安全设施

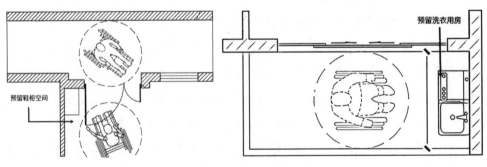

图3.1-18　门厅空间

4.空间氛围与居者的心理健康需求

1）与自然环境和谐

与自然环境和谐，本节重在室内环境与室外空间环境相融合，根据建筑空间的适用性和所处环境，运用物质技术手段和艺术处理手法，整体把握空间，设计其形状和大小，内外保持协调。其根本目的在于创造满足物质与精神两方面需要的空间环境。影响室内外空间设计的因素有很多，诸如空间的尺寸、空间结构的潜能和局限性，以及室外所处的位置与环境等方面的因素；室内空间的具体用途是作为工作或休闲、娱乐还是康体或学习；还有重点考虑室内外空间相协调的内涵。

现代室内设计需要满足人们的生理、心理等要求，需要综合处理人与环境、人际交往等多项关系，其出发点和归宿是为人和人际活动服务。现代室内外环境设计，既包括视觉环境和工程技术方面，也包括声、光、热等物理环境以及氛围、意境等心理环境和文化内涵等内容。

（1）室内外光线融合

在室内空间环境中，光不仅是为了满足视觉功能需要，也是重要的美学因素。光能制造空间、改变空间或破坏空间，它直接影响室内空间的形状大小、质地和人们对色彩的感知。影响采光设计的因素也有很多，包括光照度、气候、景观、室外环境等，另外，不仅要考虑直射光，而且还有漫射光和地面反射光。

（2）室内外空间点缀

城市建筑的高速发展，使得绿地在相应地日渐减少。长期工作、生活在室内环境中的人们，希望能充分利用城市中的每块绿地，并将绿色植物等引入居住空间中，合理布局空间，满足使用功能的同时，净化空气环境，培养生活情趣，使人们在精神上找到一种自然归属感，从而营造健康的生活环境氛围，进而创造具有较高文化价值的适应性健康居住空间。

（3）室内外园林融合

我国的传统园林艺术是中国文化史上一颗璀璨的明珠，许多传统的造园手法沿用至今，北京颐和园、苏州拙政园、香山饭店都是优秀的园林典范。其中最典型的要数"框景"这一造园手法，将室外自然景色纳入门窗洞口作为模拟的框景中，观赏者在室内一定距离之内就能欣赏到美景。时刻能将自己置于大自然中，寻求最大限度的交融与和谐。

（4）墙体、柱、门窗等融合

墙体作为室内空间的最主要界面，面积大，而且单一，是将室外元素引入室内最能产生效果的地方。大型室内环境中，常拥有较多的梁柱，体量也较大，因而柱式装饰不能忽略。墙柱装饰的"室外化"主要是借助室外天然建筑材质的直接或间接应用，天然建筑材料主要有卵石、条石、大理石、原木等。除了天然的材料外，后现代派的室内设计还利用室外工业化的机械、通风管等结构材料，将它们在室内毫无掩饰地暴露而达到"室外化"的装饰目的。这些设计或表达对乡土人情的怀念、或表现质朴的原始美、或造就粗犷的自然风、或表现强烈的超现实的前卫感。

门窗的室外化，大致分为两类：一是在门与门框的取材上运用自然原木等；二是借助墙的开洞，自然随意地创造室外化的门洞，这种方法一般是半封闭的隔门，因为要考虑防保功能而不能用于直接朝外的门。窗户作为室内自然采光的主要手段，巧妙的设计与装饰也会起到活跃气氛、渗透室外自然情趣的作用。比如在窗扇两侧做固定的装饰，这种装饰可以不具备实用功能。

2）空间的人性化关怀与心理健康

首先，体现在私密性需求上，健康的居住空间必须保证人的私密行为，具有健康适应性的居住空间要满足人们的心理感受健康。在居住空间环境中，满足家庭成员对私密性的要求。

其次，人性化关怀体现在不同居者的需求上。不同年龄、文化背景、生活阅历、职业习惯等因素，会使人们的审美观、心理诉求有很大的不同，对空间的需求也有所不同，健康的居住空间要根据居者的不同年龄、家庭结构、生活习惯等设置相对应的空间功能属性、营造人性化生活场景，促进居者心理健康，从而提升居住空间的场所适应度、文化适应度，满足居者心理层面对于健康空间的诉求。

3）营造健康居住模式空间

（1）空间适应居住模式变化

满足居者身心健康、营造愉悦的居住环境，首先应该满足功能需求，即空间实用性。那么，什么是空间实用性呢？就是能够满足居住空间行为主体"人"的最佳生理、心理和感官需求的空间。不同种类的空间最大的区别无疑是功能的差别。人们的日常生活无论是起居、交往还是工作、学习等，都需要一个适合于这些生活活动功能的室内空间。因此，居住空间要适应居住模式变化和家庭结构变化，以满足人们对空间的不同需求。

（2）空间满足家庭结构的变化

随着人们结婚、生育、衰老，对住宅室内空间的要求会发生周期性变化，年龄增长所产生的生理和心理变化也直接影响着人们的居住需求。为满足家庭循环周期的需要，使住宅室内空间适应家庭的动态变化，可根据需要调整形状、大小、空间组合等，通过调整使居住空间适合几年或几十年。居住空间集装饰与实用于一体，它可以调节人们的精神生活，实现个人愿望和爱好。因此，我们除了要重视物质需求外，更要强调精神需求，以满足人们因不同职业、文化、年龄所需要的不同的需求。要综合考虑室内空间的大小和户型结构的可变性、空间功能的合理性和装饰风格的统一性等问题，使空间特征适应人们的居住需求变化，从而满足人们的物质和精神生活需求（图3.1-19）。

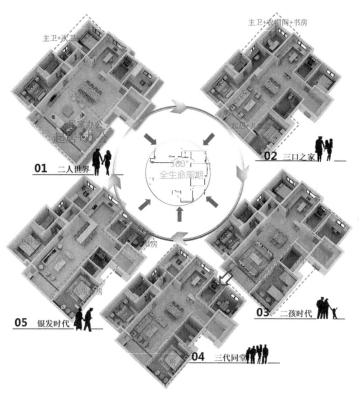

图3.1-19 全龄户型

以上深入剖析了住宅室内环境对居者健康的影响，并提出空间与健康两者之间相辅相成的关系，分别从物理因素、空间功能分布、心理因素三个方面深入阐述居住空间与健康之间的关系，同时分别讲述空间的适用性、空间的可持续性两个方面对居住空间健康性进行解析。最后在室内环境、空间布局形式、居者心理健康方面找到健康住宅与室内居住空间健康性的契合点，为"住宅室内空间的健康营造"作铺垫。

3.1.3 居住户型的健康需求

室内空间是承载人的生活、社交、工作的"容器"，这个"容器"会以各种形式出现，它可能是我们忙碌工作的办公室，也可能是锻炼身体的健身房，然而关系最密切的应该是家，它记录了关于生活的点滴，它是放松身心值得依赖的地方，同时人在其中的行为方式潜移默化地对身心健康造成了不可估量的影响。

户内空间构成既固定又自由，空间构成较为固定，包括客餐厅、厨卫、卧室、阳台等，自由是指由于居者的生活方式产生的功能需求导致了空间的使用方式，如空间布局、空间尺度、空间动线等较为多变。空间的使用方式对居者的身体、心理健康有不可忽视的重大影响，其中不健康的使用方式产生的负面影响很多时候是在不经意中产生的，经过习惯的积累，从而对居者身心健康造成影响，因此，为了避免上述情况的出现，即加强空间的健康使用方式，需在空间布局营造阶段对空间进行以健康为中心的优化。同时空间是出于为人使用的目的而存在的，人在空间使用中的健康问题应该与空间本身是一体的，因此，在塑造空间之前先了解健康的有利因素及不利因素，这些都是需要我们深入研究与思考的。

那么如何打造健康的居住户型呢？

1.打造健康的空间舒适因素

空间舒适因素是指经过空间处理，能给空间使用者带来身体上和心理上的舒适感的因素。也可以说是在空间中影响人们身体和精神舒适度的因素。

1）影响身体舒适度的因素

身体舒适度是健康的空间带给我们最直接的体验和感受。室内空间属性要适应新的社会发展，特别是以家庭为单位的人口结构变化带来的改变，同时必须重视住宅的全生命周期设计。全生命周期设计就是要考虑空间的弹性化设计以及对老人、儿童的更多关注和呵护。老人和孩子对身体舒适度的敏感程度会相对较为强烈，因此，在空间设计和规划中特别要重点考虑。下面以门厅、卫生间为例说明（表3.1-1）。

门厅、卫生间空间设计 表3.1-1

空间	功能	措施	图示	说明
门厅	开、关门	门把手应选用旋臂较长的拉柄，拉柄高度在900～1000mm之间	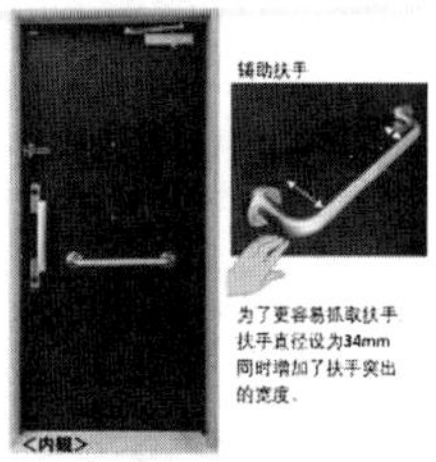	考虑老人、儿童的使用情况，适当降低门把手高度、延长把手长度
	穿鞋	增加休息座凳，高度400mm	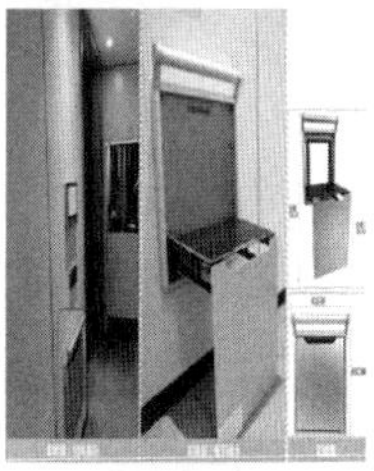	增加座凳不仅可以提升穿鞋、换鞋时的舒适性，同时减少换鞋站立不稳甚至摔倒的风险
门厅	常用鞋位	门厅柜底部设置"常用鞋位"，高度150～200mm	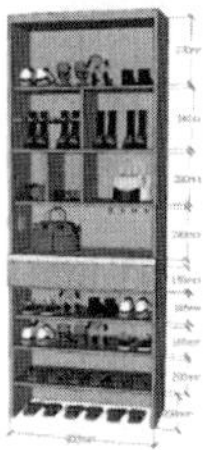	换鞋、取鞋动作更加简便，减少反复开关门厅柜门的繁琐动作
门厅	常用物品存取	预设私人空间，高度350mm，底边距地800～1000mm	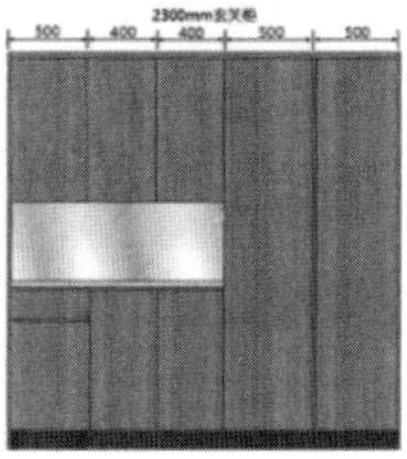	预设私人空间，可以方便搁放常用物品或作为展示空间
	人体工程学	存取衣物、鞋子符合人体工程学	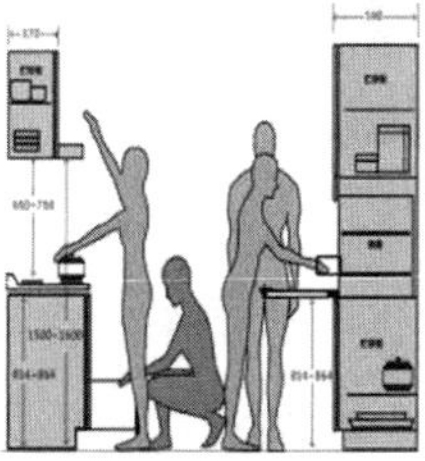	门厅柜必须考虑人体工程学，协调好身高、收纳物与收纳空间的关系
卫生间	儿童增高踏板	在台盆柜下方预留高度为280mm空间，增加抽拉式增高踏板，高度200～250mm		解决幼儿由于身高较矮，无法使用台盆的问题

第3章 健康住宅室内环境

空间	功能	措施	图示	说明
卫生间	坐便器、助力设施	坐便器、淋浴区安装助力设施或预留安装位置	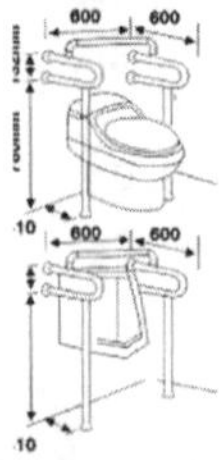	结构简单，使用方便，折叠后，占用空间小，打开后能有效帮助长者使用，减少腰、膝压力
	淋浴座凳	淋浴区设置淋浴座凳，高度为400mm	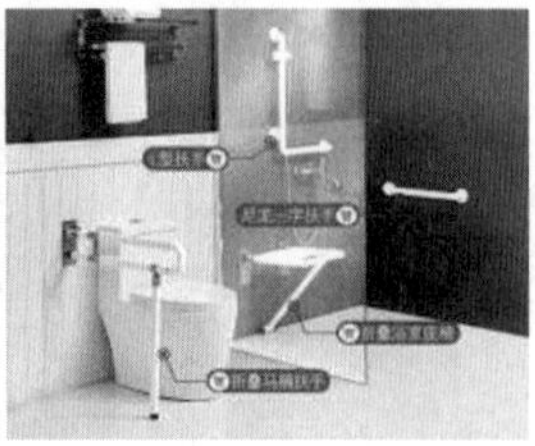	淋浴座凳可以防止淋浴过程中地滑摔伤的风险，尤其针对老年人淋浴的安全性
	淋浴飘窗	淋浴飘窗可以作为淋浴座凳使用，也可以增加淋浴收纳空间使用。高度为400mm		淋浴飘窗的设计可以有效利用空间，兼顾座凳与收纳功能
	人体工程学	卫生间符合人体工程学	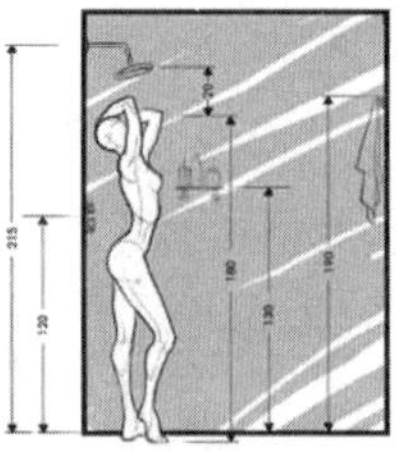	台盆高度应该以人体工程学为原则，降低日常使用中由于高度不适宜造成腰部劳损的风险

由以上分析可以看出，空间的舒适性因素不仅能提升空间使用的愉悦感，同时能减少长期不健康使用方式对身体造成的潜在伤害和疲劳积累。

2）影响心理舒适度的因素

如果说身体的舒适性感受更加直接、明显，那么心理感受多数情况下不显著，这种影响更多是在潜意识状态中存在。在这里，主要讨论的是在居室空间中，人与人的合理距离以及私密性与空间的关系。

人与人之间总需要保持一定的距离，好似被包围在一个气泡之中。这个气泡随身体移动而移动，当气泡受到干扰和侵犯时，人就会感到焦虑和不安。这个气泡实际上是心理上个人所需的最小空间范围，称为个人空间。个人空间实际上限定了每个人的最小领域范围。人与人之间交往距离如果小于这个范围，将会引起心理上的不适。

人类学教授霍尔博士将交往中的距离领域划分为四种类型：亲密距离、私人距离、社交距离和公共距离。由于居室空间尺度较小，一般只涉及前两种人际距离，即亲密距离和个人距离。

我们在居室的室内空间设计中必须注意这两种距离对人心理的影响，这主要体现在对家具的选择和布置上。亲密距离体现的是亲人之间的接触距离，如卧室等私密空间的设计就要考虑这种距离关系；而个人距离体现的是与普通友人、访客之间的交往距离，如客厅、餐厅的室内设计就要考虑这种距离关系。

亲密距离：15～44cm，15cm以内，是最亲密区间，彼此能感受到对方的体温、气息。15～44cm之间，身体上的接触可能表现为挽臂执手，或促膝谈心。通常用于父母与子女之间、恋人之间，在此距离上双方均可感受到对方的气味、呼吸、体温等私密性刺激。

设计师需要考虑空间的舒适性与亲密距离的合理尺寸，比如，过大的空间会降低亲密感，从而与此相对应的心理需求不符。另外，家具的尺寸和摆放距离也对此有影响，因此，既要考虑家具对个人空间的舒适性，同时也要考虑亲密距离的合理性。

个人距离：46～122cm，一般是用于朋友之间，此时，人们说话温柔，可以感知大量的体语信息。个人距离必须保证人与人交往的舒适感，即个人空间不能有交集。这就要求所处空间尺度、家具摆放位置足以满足这种距离感。当然，这种距离必须控制在合理范围，毕竟接近公共空间的尺度就超出了亲密或熟人的人际关系，而是体现出一种公事上或礼节上的较正式关系，这种距离已经属于社交距离（120～370cm），无疑会拉大交往距离，并不适宜居家生活（表3.1-2）。

亲密距离与个人距离的空间舒适性要求　　　　　　表3.1-2

人际距离	距离尺寸（mm）	空间名称	空间舒适性面积（m²）	空间布局示意
亲密距离	150～440	卧室	15～20	

人际距离	距离尺寸（mm）	空间名称	空间舒适性面积（m²）	空间布局示意
个人距离	460～1220	客厅、餐厅	30～40	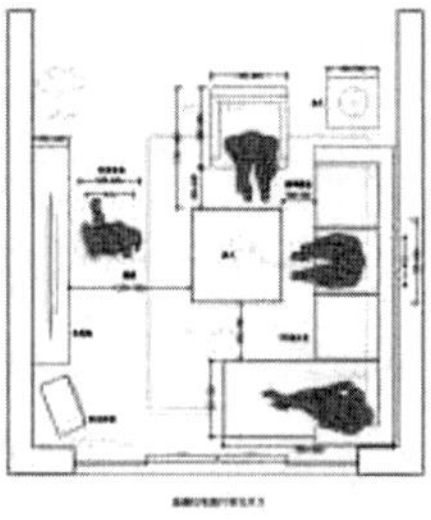

3）私密性与空间关系

住宅室内是个人生活空间，私密性是其基本属性。因此在居室空间设计上需要注意私密性空间与其他空间的位置关系。从居室空间来看，主要解决的是视线设计问题。即房间内部不宜在入口与外部衔接区域让人一眼看透，需设置遮挡，保证空间使用者和访客的心理接受度及舒适度（表3.1-3）。

私密性居室空间设计　　　　　　　　　　　表3.1-3

空间	平面布置示意		说明
门厅			门厅是住宅的入口缓冲空间，不宜从入户门处直接看到客厅，建议如图采用对景墙、门厅柜等方式进行视线阻隔设计，提升心理舒适性
卧室			卧室是住宅最为私密性的空间之一，卧室门不宜外开，建议如图采用转折视线的方式设计，加强房间的私密性

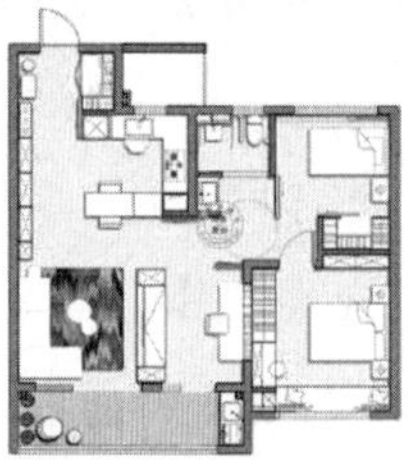

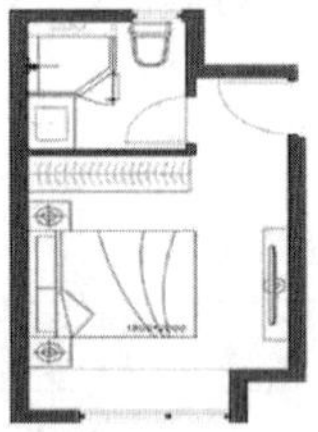

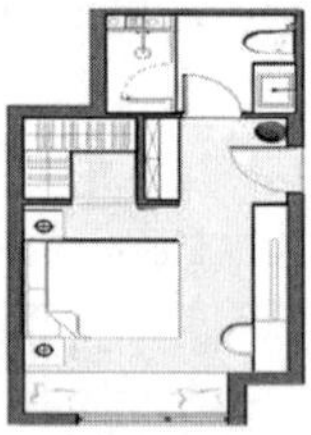

2.空间尺度与健康

住宅空间是人生活常住的空间，需要营造更加温馨、舒适的环境空间。因此，空间高度不宜太高，有些大户型的住宅其会客空间出于礼仪空间的需求会有较高的挑空，但是大部分空间还是有所控制，这是因为人在空间中的感受需要回归到"人的空间知觉"。相反，如果住宅空间过于低矮，就会带来压抑情绪。

健康住宅解析

空间高度会给人带来不同心理感受，同时空间的宽度也会对人心理产生影响。过窄的空间会带给人以局促、紧张的心理情绪。当功能空间宽度过窄时会严重影响人们的正常生活。什么样的空间尺度可以称之为舒适且健康的空间呢（表3.1-4）：

住宅空间尺度与舒适度关系　　　　　　　　　　表3.1-4

空间尺度		图示	说明
高度	使用高度	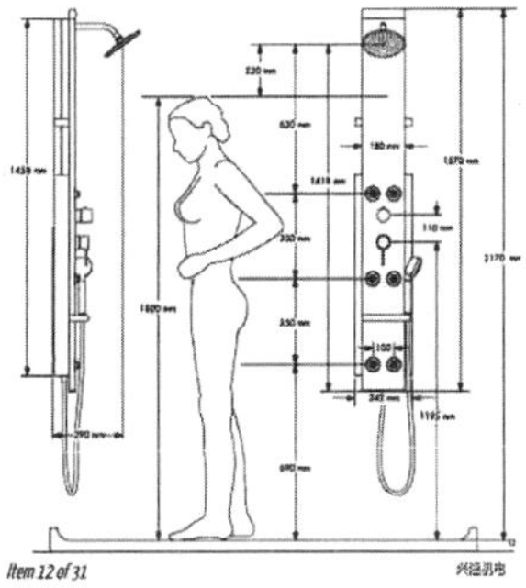	保持合理的使用高度能保证人在设备、家具使用的过程中保持舒适感。过高、过低的使用高度都会造成不便，同时对人的腰部、腿部造成一定的压力和骨骼损耗，长期积累会影响人的健康
	通过高度	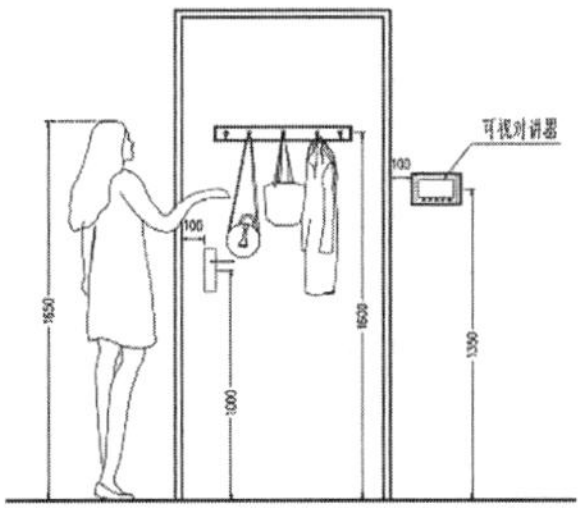	合理的通过高度是保证人在空间中舒适度的一个重要因素。健康建筑标准提出居室高度的舒适性指标是：地面到顶棚的高度至少为2.7m，所有非居室的惯用最低高度是2.4m
宽度	使用宽度	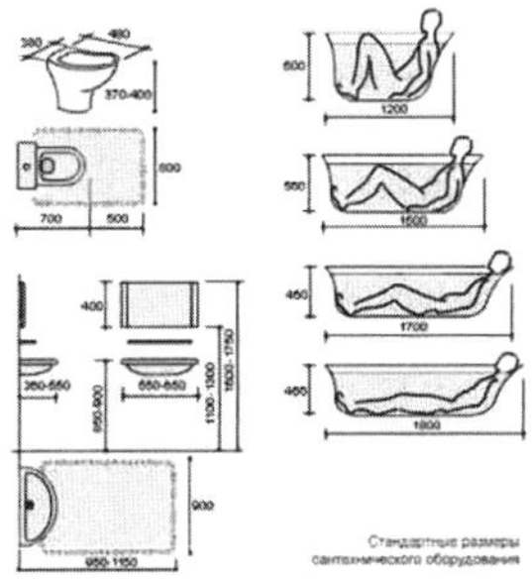	合理的使用宽度能保证人在设备、家具的使用过程中不会出现空间局促感和降低身体与周边设施、墙体产生碰撞的概率，满足人员正常活动所需空间范围。需要保持必要的、合理的人体工程学尺寸
	通过宽度	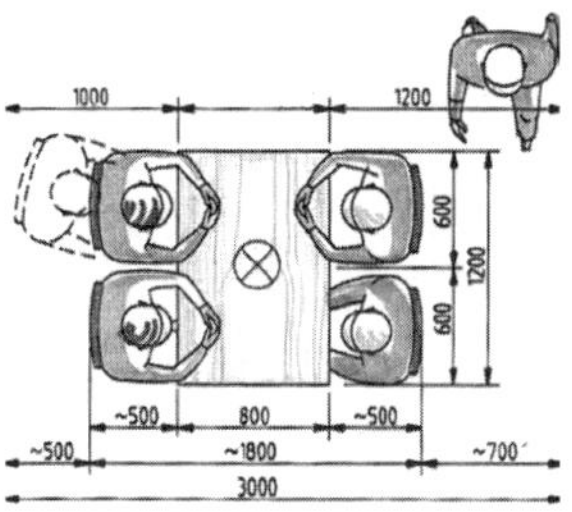	合理的通过宽度是保证人在空间中无障碍、流畅移动的前提。不同空间的通过宽度不尽相同，对于走廊、过道等交通行为密集区域的通过宽度应比房间居室内的通过宽度大一些

3.户型尺度与舒适性

户型是居住单元的形态化，户型的尺度决定了人在居住空间中的活动范围，小尺度户型和大尺度户型带给人的空间感受肯定不同，户型必须是合理的，满足住户人员数量、生活习惯等因素。合理的户型尺度才是符合空间舒适性的必然结果（表3.1-5）。

住宅各功能空间合理尺度参考　　　　　　　　　　　表3.1-5

空间	形态	开间净尺寸（m）	进深净尺寸（m）	使用面积（m²）
客厅	—	3.3	—	—
厨房	Ⅰ型	2.7	1.5	4.1
	L型	2.4	1.5	3.6
	Ⅱ型	2.7	2.1	5.7
	U型	2.7	2.1	5.7
卫生间	—	—	—	3.0
卧室	双人卧室	3.0	3.1	9.3
	单人卧室	2.6	2.1	5.5

空间的标准尺度直接影响居者使用的舒适度，同时也是空间健康与否的重要衡量标准，那么什么样的空间尺度是健康的，符合人体工程学及人的行为习惯，从而影响人的生理及心理健康，我们对以下空间进行了梳理，力求空间尺度更符合人性化的使用需求。

1）起居室、餐厅厨房

起居室作为家庭公共活动空间，能够与家庭成员之间建立良好的互动关系，同时也承载了多功能社交的场景体验，在这个空间里可以实现多元的信息交流，更注重自由与健康，放松与乐趣。作为家人聚集的场所，成为链接家人之间、家庭与外部社交功能的纽带（表3.1-6）。

起居室生活场景示意　　　　　　　　　　　表3.1-6

生活	需求	客厅使用场景
居家娱乐	家庭观影	TV/MOVIE
玩乐至上	体感游戏	GAME
健康活力	家庭运动	SPORT
社交爱秀	聚会或展示	PARTY/GALLERY

健康住宅解析

起居室动线宽度总结（图3.1-20）：

（1）从沙发到电视台：距离2500mm以上，太近的距离会影响视线，结合室内的实际宽度调整合适的距离是非常必要的。

（2）家具之间的通道：宽度600mm以上，如果是经常使用的主通道或是有需要搬运东西的通道，最好留出800mm以上的空间。

（3）从电视屏幕到视点：距离1300mm以上，电视越大，距离就需要留得越大。比如37英寸的屏幕，留出1.4m左右的距离，40英寸的屏幕，留出1.5m左右距离为佳。

（4）沙发到茶几：距离300mm以上，如果能留出400mm以上，就能伸直脚，特别对于矮式沙发来说，基本是躺在靠背上的姿势，因此，最好能够留出400mm以上的空间才不会显得局促。

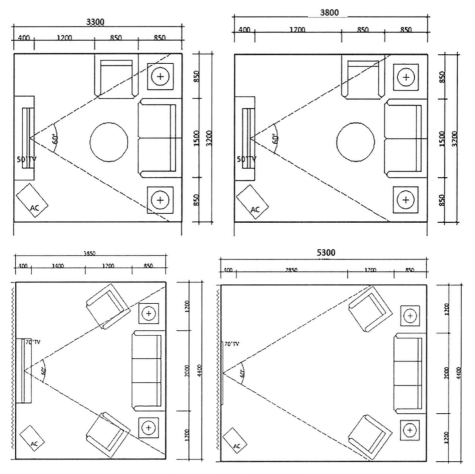

图3.1-20　起居室标准尺寸示意

（5）椅子周边：距离600mm以上。

（6）椅子+通道：距离1000mm以上。

（7）厨房收纳前：距离800mm以上。

（8）茶几到电视柜：距离500mm以上，便于操作电视柜中的各种影音器材。

餐厨家政动线宽度总结：

（1）椅子周边：距离600mm以上。

（2）椅子+通道：距离1000mm以上。

（3）厨房收纳前：距离800mm以上，对面式布局考虑到厨房与餐厅的交流，在操作台留出一定的空间作为小吧台使用，较宽时做到900mm以上为佳。

2）卧室

卧室不只是用来睡觉的空间，年轻人更喜欢多元的空间体验。所以，摒弃以往只有睡眠功能的居住空间，提供更灵活可变的空间体验（图3.1-21及图3.1-22）。

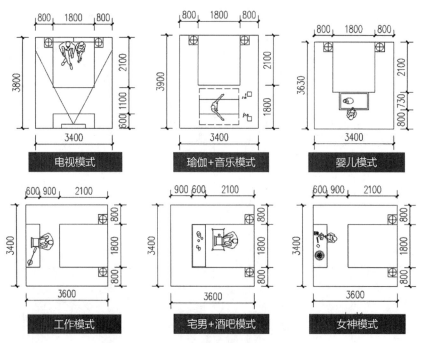

图3.1-21　卧室多模式场景尺度01

卧室空间人性化健康尺度（图3.1-23）：

侧身通过的最小通道：300mm。

出入口、通道和床与其他家具的距离：600mm以上。

化妆台：900mm以上。

健康住宅解析

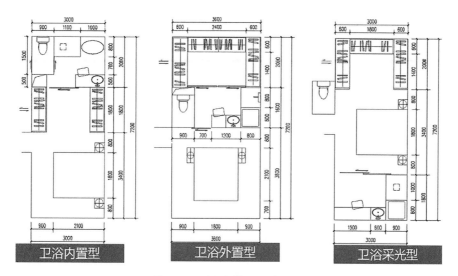

图3.1-22 卧室多模式场景尺度02

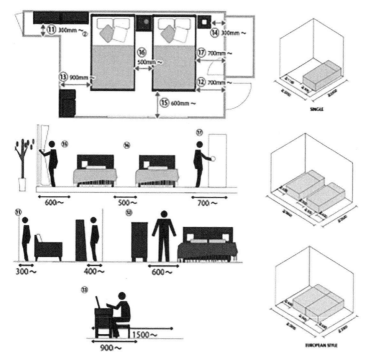

图3.1-23 卧室空间人性化健康尺度

如果是两张床分开摆设的情况，床与床之间不低于500mm。

需要开启的柜门前通道：700mm以上。

以上从空间舒适因素、空间尺度、空间动线等方面阐述了健康空间的尺度关系。

4.绿色生态空间对人健康的影响

室内绿色生态环境的打造对人体健康起着促进的作用。室内温湿度对健康有着至关重要的影响，一般室内相对湿度不应低于30%，否则就会对健康不利。室内空气湿度过低会使上呼吸道黏液干燥，导致慢性黏膜发炎，会让皮肤干燥，不仅让人不舒服，还可能导致免疫力下降，更容易受到病毒的感染。现代生活中，人们会经常出现原因不明的头痛、头晕、肠胃不适、肌肉紧绷等症状，这有可能是由于不规律的生活节奏和压力打乱了自律神经的平衡，最终反馈到身体器官的种种不适（图3.1-24）。

让居住生活科学化

现代生活中人们经常会出现原因不明的头痛、头晕、肠胃不适、肌肉紧绷等不适症状，这有可能是由于不规则的生活节奏和压力打乱了自律神经的平衡，最终反馈到身体器官的种种不适上。

健康人的自律神经平衡状态

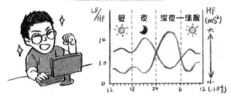

不规律的生活作息导致平衡崩溃

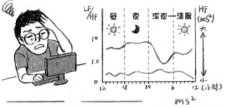

交感神经活动指标　　副交感神经活动指标　　千分之1秒的乘方

自律神经是指，调整全身脏器功能的神经系统，分为身体活动时运作的"交感神经"和身体休养时运作的"副交感神经"。

图3.1-24　健康与物理神经的关系

自律神经是指调整全身脏器功能的神经系统，分为身体活动时运作的"交感神经"和身体休养时运作的"副交感神经"。持续紧张状态容易让交感神经一直处于活跃优势，根据研究显示，将身体置于森林等自然中，由于森林里植被的刺激，形成生理性放松状态，从而调整人体自律神经平衡，使人体免疫力上升，形成不易患病的体质，这种非特异性功效称之为"森林疗法"。

科学家在全国35处森林对420人进行森林疗法实验测试结果（图3.1-25）：

实验结果可见唾液中肾上腺皮质醇浓度含量，森林区比城市区下降12.4%，那么显而易见，住宅空间中能够实现森林疗法，将对人体健康起着巨大的促进作用，而如何实现"家的森林疗法"，真正意义上体现生态健康的居住空间，这就需要在空间功能上进一步拓展，延伸功能空间的多种可能性，呈现生态人居空间。

基于上述原因，由此可推，在盥洗间设置温室景观营造庭院氛围，在住宅的客厅和居室空间中适量使用自然装饰材料，让空间更接近自然，使住宅空间具备和森林疗法同样的功效。

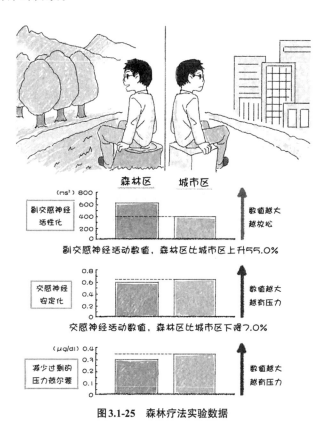

图3.1-25　森林疗法实验数据

如何布局阳台"森林疗法空间"，同时兼具人性化的使用功能需求（图3.1-26）。

同时，天然木材的应用，对调节室内环境也起着非常重要的作用，木材释放的芬多精（Pythoncidere，由植物释放的一种物质，具有抗菌效果，能净化空气、降低污染，使呼吸顺畅、精力旺盛，达到清醒效果）与负离子能够杀死空气中的细菌、增强免疫力、提高记忆力、降低血压、安定人体自律神经等。

图3.1-26 花房阳台功能实现

　　室内使用30%的天然木材的空间可调整人体自律神经平衡，降低压力荷尔蒙浓度，起到与森林疗法相同的功效（图3.1-27）。

图3.1-27 卫生间温室景观布局

其次，在室内空间环境中，很多场所可以运用到木材，根据使用部位及不同场所，材料会产生全然不同的氛围，结合居住者的个人喜好，可以建造一个合适的森林疗法空间。

5.提升居住空间的健康与安全

在很多室内空间环境中，一些材质的应用存在很多安全隐患（图3.1-28）。

图3.1-28　铺设地垫容易滑倒

铺设天然地板的同时，可以进一步优化，尝试使用地面架空系统，在架空层中实现水、电、新风等相关管线的排布，做到管线分离，实现住宅长寿命周期。

架空地板有一定的弹性，可有效降低儿童摔倒时的冲击力，缓解老人行走时的膝盖受损率。

通过家的"森林疗法"所倡导的健康生活理念，实现更为健康、安全的生活方式，实现居住生活的科学化。

居者在空间内的生活状态以及行为习惯需要在环境健康的基础上提升其使用的舒适度，不同的生命阶段有着不同的生活方式，创客、育儿、适老各阶段有自己的生活方式与需求；结合大健康的理念，一个温馨温暖的家是身体与心灵上的向往，是减缓压力、净化情绪的空间。

3.2 健康居住户型

住宅室内环境的优劣直接影响居民的生活质量，随着人们居住水平的不断提高，人们对于居住空间需求逐渐从基本"住的功能"过渡到对于空间情绪的演化，如何更人性化地满足居住者心理健康需求，如何更合理地把控空间尺度以及更丰富的空间功能，是人们对于空间属性更进一步的要求，因此，住宅对于健康需求的探索是必然的。

1.健康需求下户型的多样化配置

健康住宅是在居住性住宅"经济适用"层次上提升舒适性与健康性的要素，全面提升居住质量。健康住宅居住质量的提升主要体现为户型设计应多样化，并具有一定的适应性，满足不同年龄段人们个性化的居住需求；室内居住空间的大小以满足家庭使用功能为宜，应具有相应的私密性与安全性。现阶段住宅户型无论是从功能上还是个性化需求上，已经不能满足各阶段人们的居住需求，所以户型的多样化配置需要从各个年龄段人们的需求出发将适用性与个性化结合。从以下两种户型来探讨健康需求户型的多样化配置。

1) 年轻化户型

作为新时代的年轻人，看似一直无忧无虑，但面对职场压力和孤独感及生活的不确定一样会充满迷茫和焦虑，因此更想拥抱自己想要的生活，什么样的家才更适合年轻人（图3.2-1）？

图3.2-1　年轻人对家的需求思考

当代年轻人对自己的家有独到的见解，从以下几个方面来探讨年轻人的家所具备的特点。

对于居住环境外在形式的要求：居家空间中从沙发的款式到摆满饰品的小角落，想随手自拍并分享到社交媒体时家居背景绝不能拉垮。

个性化的追求：100个人心中有100种居住方式，独居令年轻人少了很多顾虑，可以直面自己的真实需求，手办、口红、书籍、潮玩、酒瓶等收藏，丰富的兴趣爱好是最棒的家居装饰。

功能的多样化需求：一种户型满足多种生活方式。通过功能的组合变化，实现聚会、社交、工作等的需求，满足年轻人对品质生活的向往。

同时，随着青年人居家生活时间变长，对于居住空间的要求也会有所增加，数据显示，青年人根据自己生活习惯，对于空间的要求以及改善的程度都有不同程度的差别（图3.2-2）。

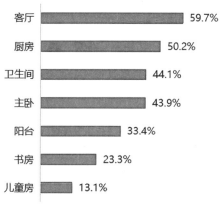

图3.2-2　青年人对于空间的要求占比

　　曾有一些针对我国中心城市的22～29岁的青年购房人群生活状况展开的研究，其资料来源于大量的市场数据、社会调查公司的访谈信息。研究的关注点主要从各个角度对都市青年人群的生活状况进行描述，这些现状特征都和青年人群的购房和居住行为有着密切的联系，包括青年人群的生活方式、消费态度、行为模式等。这些研究对了解青年人群的购房行为和预测家庭消费趋势都有一定的参考意义。年轻人对生活有着自己独到的见解，他们在外西装革履、光鲜亮丽，需要时刻保持优雅姿态。回到家，脱下坚硬的铠甲跳出条条框框，做回最真实的自己，在喜欢的沙发上横躺竖躺葛优躺，抱着笔记本，打开视频大声笑、放声哭，一个有个性又不乏舒适还能包容所有的家，是现代年轻人的理想归处，他们大胆、前卫、有理想、有规划，他们愿意倾尽所有打造一个属于自己的理想氛围之家。我们主要从以下六大空间对年轻化理想住宅进行探讨，以及年轻化的户型需要什么（图3.2-3）。

　　（1）年轻化户型的需求

　　宅家的时间长，多元化厅能带来更多的乐趣，做饭也希望看得见家人，全家互动，更加注重个人成长，满足个人爱好的空间需求强烈。新晋爸妈想要更多陪伴娃的空间和时间，照看便利性至关重要，快节奏下的生活，不在家务活上分配较多时间是关键。主卧不单是睡觉的地方，水吧、办公等小家化需求被看重，在

图3.2-3 住宅功能空间划分

家中也想感受自然，达到身心的解压放松。

（2）多变的场景空间

年轻人的"宅"是把时间留给家人，留给自己。空间打破常规客厅、餐厅、厨房的界限，实现LMDK一体化开放交流的互动空间，让宅家更欢乐。传统的空间布局形式为一家人在同一时间、不同空间，各自做着各自的事情，无法交流，也看不到彼此。碎片化的空间、间断式的交流。更新后的四点围合式空间实现了家人之间的互动，实现无遮挡，在房间做自己喜欢的事情，互不打扰，又能相互陪伴。

同时创造多样情景，秀出精致生活，无论是一个人的静谧，两个人的甜蜜，还是一群人的狂欢，一个宽敞的横厅就能实现。常规布局主要以电视为核心，家人之间的交流甚少。更新后的布局主要是调整沙发的方向，利用飘窗做软塌，增加家人在客餐厅的交流，从而更好地改善家人之间的沟通问题，增进家人之间的情感，实现同一个客厅也可以选择不一样的生活。

（3）餐厨的社交功能

传统厨房布局三面封闭，背朝客厅，和外界隔绝，做饭的人只能在厨房孤军奋战。创新型布局方式改变为开放式厨房，视野开阔，能与家人朋友产生交流互动，台面流畅且操作空间大。并且将移门、折窗关上，可化身厨房小能手，油烟爆炒也不怕。U形操作台，动线流畅，台面够长，一个转身，面对家人，就可以从背对背到面对面，横窗加移门，把身处三个空间的家人聚在一起，让厨房的劳作从一个人的负担变成三个人的甜蜜。

（4）特色空间的设置

对于年轻群体，一种使用场景模式不能完全满足使用功能，阅读、健身、音乐……让同一个空间承载不同时间段的多个场景使用，既可以是书房也可以是健身区还可以是工作室，高效利用空间；且不同空间通过设计手法联通使用，或是可开可合，既留有一定的私密空间也有可共享的空间。从中发现生活有无限种可能，达到"家的形式无定义"（图3.2-4）。

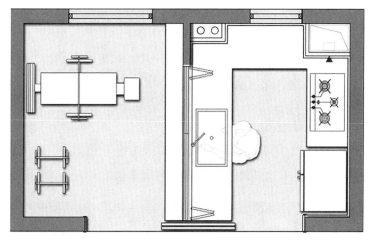

图3.2-4 特色空间的设置示意

（5）亲子活动区

养育孩子，陪伴必不可少，在亲子中心区域，可以与孩子一同阅读、做手工，和孩子一起共同成长。家庭内设置记忆墙，可以记录家的成长。在家庭中设置儿童房，可以给孩子打造一个属于自己的小空间，拥有自己的私密空间——专属小世界，让孩子在充满爱的家庭中长大（图3.2-5、图3.2-6）。

（6）家庭防疫空间的建立

当今社会人们的健康意识增强，在日常生活中更注重卫生消毒，养成回家洗手、消毒的好习惯，将细菌隔离在门厅外。可以将卫生间靠近门口与次卧形成独立的房间，家中有感冒者可自行隔离，守护家人健康。

（7）收纳空间的建立

收纳空间讲究"七分藏，三分露"。通过合理地细分收纳功能，好寻好取易整理，节省更多的时间享受生活。位于客厅的一面高柜依次设置门厅柜、餐边柜、客厅柜，最大化收纳利用。门厅设置足够的放鞋空间，高柜上下分，孩子也可以轻松拿取。亲子展示柜温馨实用，客厅电视柜实用又不影响美观（图3.2-7）。

家庭记忆墙：儿童作品及家庭纪念品展示

外厅设置亲子中心3点式交流 便于照看

内厅，成长儿童房属于自己的小天地

图3.2-5 亲子空间的设置

图3.2-6 亲子空间场景

2）适合老年人居住的户型

据联合国人口基金会和国际助老会（Help Age International）发布的2015年"全球老龄生活指数"（Global Age Watch Index）报告，全球老龄化国家和超高老龄化国家的数量正以一个前所未有的速度增长。从报告中看到，预计年轻型国家（60岁以上人口小于10%）从2015年的102个下降至2050年的37个。超高龄化国

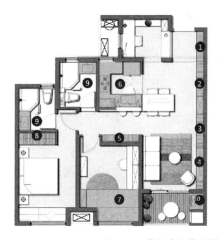

| 1. 门厅收纳柜 |
| 2. 餐边收纳柜 |
| 3. 亲子展示柜 |
| 4. 电视柜收纳 |
| 5. 家庭记忆柜 |
| 6. 厨房收纳柜 |
| 7. 榻榻米收纳床 |
| 8. 主卧衣柜收纳 |
| 9. 卫浴收纳区 |
| 10. 家政收纳区 |

图 3.2-7　收纳空间的设置

家（60岁以上人口占30%以上）数量在2015年只有一个，预计到了2050年快速增长至62个，速度相当惊人。所以适老化住宅应运而生。

（1）中国人口老龄化态势

中国与其他发展中国家相比，老龄化态势相对严重。中国在2000年65岁以上人口占总人口比例接近7%，开始进入老龄化社会，而且老龄化速度很快。据2020年第七次人口普查数据统计结果显示，0～14岁人口为25338万人，占17.95%；15～59岁人口为89438万人，占63.35%；60岁及以上人口为26402万人，占18.70%（其中，65岁及以上人口为19064万人，占13.50%）。与2010年相比，0～14岁、15～59岁、60岁及以上人口的占比分别上升1.35个百分点、下降6.79个百分点、上升5.44个百分点。

截至2021年年底，我国60岁及以上老年人口达到2.67亿人，占总人口的18.9%。预计到2035年左右，60岁及以上老年人口将突破4亿人，在总人口中的占比将超过30%，进入重度老龄化阶段。

同样是人口老龄化，中国所面临的困难比发达国家要大得多，这是由于西方发达国家经历老龄化进程是平稳且缓慢的。最早进入老龄化社会的法国，其老龄化率从7%上升到14%（即从老龄化社会过渡到高龄社会），用了114年的时间，欧美其他国家也是经历了半个世纪到一个世纪的时间，所以他们有足够时间应对老龄化问题，目前已经具有相当丰富的经验。另外，不同之处还在于欧美发达国家的养老保障体系是建立在成熟的制度之上的，更多的是细节上的不断的完善；而中国的人口基数大，人口结构复杂，老龄化速度快，养老保障体系尚处于构建阶段，目前大多建立的都是原则性框架。

（2）中国居家养老现状及面临的问题

居家养老是中国目前主要的养老模式。对于全球老龄化问题，世界卫生组织前总干事陈冯富珍博士说过这样一句话："今天大多数人，哪怕生活在最贫穷的国家，寿命都比过去长，但这还不够。我们还要保证在延长的寿命里人们活得健康、有意义、有尊严。朝着这个目标努力，不仅会让老年人过得更好，还会促进整个社会的良性发展。"

对于养老模式的选择，欧美及日本等发达国家普遍经历了从人口老龄化初期的兴建大量养老设施逐步发展到鼓励居家养老、结合社区养老服务的过程。居家养老的优势在于可以依托社区老年服务设施，养老成本较低，操作性较强，同时满足老年人希望在原居地养老的心理需求，是目前中国大部分老人采用的养老模式。

①空巢老人与日俱增。现代城市生活方式及居住观念正发生着重大变化，随着家庭成员减少以及新一代年轻人对独立生活空间的要求，空巢老人的数量与日俱增，老人独居或夫妻自住的情况逐渐成为常态，传统"养儿防老"的养老模式正逐渐在瓦解。大量旧有住宅未能满足老人独立居家养老的需要。然而，目前无论是旧有住宅还是新建住宅，对老人的居住需求都考虑得很少，配套设施也不足。

②新建住宅适老化设计考虑不足。我国实施住宅商品化以后的二十多年，新开发的住宅如雨后春笋般建造起来，城市面貌发生翻天覆地的变化。然而在追求建设速度和数量、产品新鲜感与差异化的状况下，怎样吸引客户眼球成为设计的重点，功能使用的实用性、人性化退居次要位置，适老化设计更是少之又少。

虽然，随着经济的发展和生活水平的提高，人们对住宅的产品使用功能、舒适度有了更多的需求，期望优质的居住空间以提升其生活的质量，但在住宅产品的适老化设计方面还没有足够的重视，大部分新建住宅未全面地考虑老人的使用需求。在人口快速老龄化及住宅建设量高速增长的状况下，若适老化设计还未及时应用到新建住宅中，日后必将带来沉重的改造任务，造成经济负担。

③社区养老配套设施不足。社区养老配套设施及养老服务不足是普遍存在的情况。尤其在旧城区，以前没有考虑养老配套服务设施，现在政府只能见缝插针地改造一些旧有建筑，建成如老年活动中心、老年之家等设施，为本社区的老人提供一定的活动场所。然而，无论从数量上、质量上，还是涵盖的服务内容上

看，都远远不能满足日益庞大的老年人群体的使用需求。

因此，建设适老化住宅具有很重要的现实意义。适老化住宅是指在居家养老的条件下，符合老年人生理、心理及服务要求，以老年人使用为核心、兼顾合住家庭成员使用需求的居住单体及其配套服务设施。

适老化住宅不是一种仅供老年人居住的所谓"老年住宅"，而是广义上满足我们每个人变老后居住需求的通用型住宅。

适老化住宅的户型设计原则：

针对老年人的生理、心理特点，适老化住宅套型应遵循安全性、合理性、舒适性、健康性、灵活性等几大原则：

（1）安全性

安全性是适老化住宅设计最基本的原则。住宅内部安全设计有几个重点，包括消除地面高差，保证交通空间的通畅，加强洄游动线的设计等。为降低老年人体力消耗及尽量避免日常活动中出现的跌倒受伤，适老化住宅宜选择平层套型。

（2）合理性

通过合理安排套内各空间的布局，优化动线，可以提高空间的使用效率及舒适性。

各空间面积遵循按需分配原则，在进行户内各空间面积分配时，可根据老人的生活习惯进行调整。譬如，老年人日常生活区域多集中在起居室，可增大起居室空间，并居中布置，有利于缩短起居室到各空间的交通距离，方便老人使用，减少体力消耗，这点对使用轮椅的老人来说尤为重要。

（3）舒适性

舒适是一种感觉，一种体验。住宅的舒适性包含很多因素，譬如：合理的空间布局、适宜的空间尺度、朝向及通风采光良好，优美的户外景观、适宜的温度、没有噪声污染……这是一个整体的体验感。老人由于身体机能的退化，即使从事一件较为简单的事，可能都会容易感觉疲劳。低体力消耗原则就是指以老人的体能特点来设定合理的操作力量要求，使之在进行相关操作时，无需消耗过多体能，从而保持身体的舒适性。尺寸和空间布局的合理性会带来使用的舒适性。老人对环境的适应能力会较弱，通过合理的尺寸设计，会减少老人日常生活的负担。

（4）健康性

适老化住宅的一个重要设计原则是健康性原则。住宅的健康性涵盖内容很多，譬如住宅朝向、采光通风、园林景观等都会对其产生影响。南北通透的套型一直都是最受欢迎的户型，尤其在岭南地区。然而并不是每个套型都能实现南北通透，所以在套型设计时，需采取一定的方式进行弥补，优化套内空间的通风效果。例如：通过调整门窗洞口的位置来组织风路，实现南北对流，使自然风能顺畅地进入室内。

（5）灵活性

灵活性可以包含两方面的内容，分别为使用的灵活性和改造的灵活性。

使用的灵活性体现为适合大部分人使用，老人使用起来方便，普通人使用起来也十分舒适。改造的灵活性主要是针对不同阶段老人的居住需要考虑的，老人身体健康状况会随年龄的增长而发生变化，从健康状态的独立生活到半自理（使用轮椅或部分生活需护理人员照顾），然后到不能自理（介护状态，长期卧床），灵活性要求是为了满足日后改造的需要。

从户型出发打造一个适老化的舒适之家，从使用功能上首先考虑居者的生活习惯及需求，针对各功能空间细化设施。

客餐厨一体化——"看得见的陪伴，听得见的距离"（图3.2-8）

1.独立门厅
2.门厅收纳
3.开放餐厨
4.玻璃移门
5.客厅
6.可移动柜体
7.多功能间
8.整体浴室
9.老人房
10.水吧台
11.休闲阳台

图3.2-8　客餐厨+多功能空间联通

居住空间的适老化是在全龄关怀的基础上更进一步从老年人的生理与心理需求入手，推出区别于市场上以单纯租赁形式为主的适老化公寓，从人文关怀角度出发，充分考虑有自主能力的老年人对于长久居住环境的情感依赖，客餐厨+多

健康住宅解析

功能间联通使用，让陪伴多一点。开放厨房的移门开合间，创造的空间适合老年人的家庭使用。周到的厨房设计是老年人实现自主生活的基础。做饭、吃饭是可以自理的老人日常的主要活动之一，在厨房的时间较长。厨房设计要确保老人能够安全独立地进行操作（图3.2-9）。

图3.2-9 老年人开敞客餐厨场景

①多功能房——"百变空间"。

多功能房（兴趣间）——用智能移动柜体和玻璃移门形成一间多功能房，满足生活所需。老人进行家庭活动（如待客、与家人交流）和休闲娱乐（如种植、欣赏景观）的主要场所。在设计时，应符合老人作为"社会人"的心理需求，展示其兴趣爱好和活动能力，并促进老人和亲友的交流（图3.2-10）。

图3.2-10 多功能房的使用场景一

多功能房（临时房间）——移门关上，即可单独作为房间使用，可以作为子女临时居住的房间，也可以是临时护工房，根据需要选择雾化玻璃保证隐私。对于老人来说，室内装修最重要的是安全、方便和舒适，使其更加方便于老年人的生活，从而减轻老年人及其护理者的生活、工作负担（图3.2-11）。

图3.2-11　多功能房的使用场景二

②卧室空间。

夫妻间的生活习惯、睡眠作息可能不相同，为了给予老人彼此最好的休息空间，我们在相对私密的居室，调整格局形成两房变一房的空间关系。

老人卧室中部的位置需要有足够的留空，为照护工作、轮椅转圈等预留可能性。例如，将老人从轮椅移动到床上时，就需要床边有足够大的空地。家中的老人卧室往往面积并不富余，因此，在布局上，我们应当注意不要在老人的卧室中放太多的东西，而是尽可能简约高效，使用轻便简洁的家具，留出更多的行为活动空间。

经过适老化设计的床头柜可以在老人生活中满足多项需求。一方面，床头柜的高度适当增加，老人从床上站起来时可以进行撑扶；另一方面，床头柜下边可设置一块抽拉板，抽出来的时候可以作为小桌面。例如，老人生病卧床时，照料人员可能特别需要台面，这时床头柜的抽拉板就方便了使用。此外，床头柜边缘可以设置小围挡，防止放在上面的东西不慎掉落，产生不必要的安全隐患。床头可设置饮水机，以便满足老年人半夜口渴饮用的需要。

③阳台空间。

老年人喜欢在家种植花草以及跟个人爱好相关的活动，因此，全屋洄游动线让老人的活动从进门开始安全自如，即便坐着轮椅到哪儿都能去，去哪儿都方便。在阳台开辟一个种植乐园，满足老年人的喜好，让老年人做自己能做的、喜欢的事情，同时种植区的绿色光合作用有机循环可以净化空气。如何在阳台区域实现基本的晾衣功能，同时兼具居者的个人喜好，是体现阳台空间健康性的重要因素，以下以生态种植为例，重点分析生态阳台的功能实现（图3.2-12）。

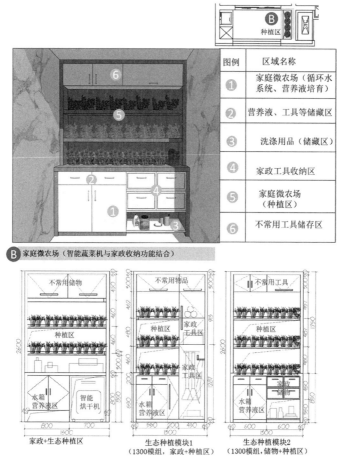

图3.2-12 多功能阳台——"家庭微农场"

④卫生间。

首先，一定要保证卫生间无高差，无高差不是说绝对平整，而是要控制在高差不大于1.5cm。在这个范围内，卫生间地面不会有高低不平的感觉，而且也能方便使用轮椅的老人进出。

设置整体洗面台，尊重老人用盆的习惯，偏心盆预留台面置物空间，方便取物。建议使用可拔出的水龙头，方便老人洗头发。台盆下层板拆卸，留白的空间可以让用轮椅的老人轻松出入，可以放置孩子的板凳，家人的脏衣篓，满足各类家庭使用。图3.2-13～图3.2-15从人性化细节以及标准分别阐述了什么样的卫生间是适合老年人使用的。

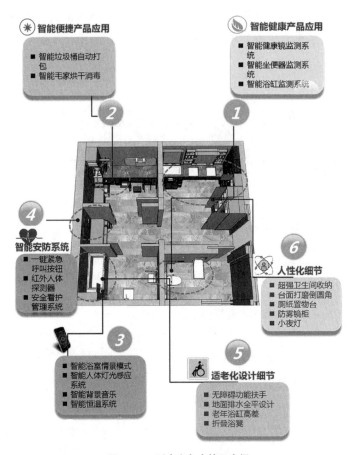

图3.2-13　适合老年人的卫生间

⑤收纳空间。

对于老年人而言，身体状况、生活习惯和思想观念方面与其他年龄段的人有一定的差别，日常生活中也有一些特殊的物品。在做适老住宅的室内设计时，应仔细考虑这些物品的使用频率，使用状态和适宜的收纳形式，设计相应的收纳空间，让老人能够更方便自如地取用物品，比如适合老年人的阳台收纳空间（图3.2-16）。

适老化住宅能帮助老人提高居家养老生活质量，延长在宅养老时间，具有十分重要的现实意义。

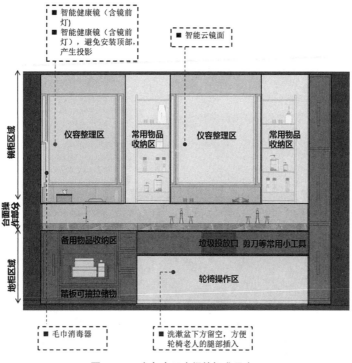

■ 智能健康镜（含镜前灯）
■ 智能健康镜（含镜前灯），避免安装顶部，产生投影
■ 智能云镜面

镜柜区域
台面操作部分
地柜区域

仪容整理区　常用物品收纳区　仪容整理区　常用物品收纳区

备用物品收纳区　垃圾投放口　剪刀等常用小工具

踏板可抽拉储物　轮椅操作区

■ 毛巾消毒器
■ 洗漱盆下方留空，方便轮椅老人的腿部插入

图 3.2-14　老年人卫生间的标准尺度 1

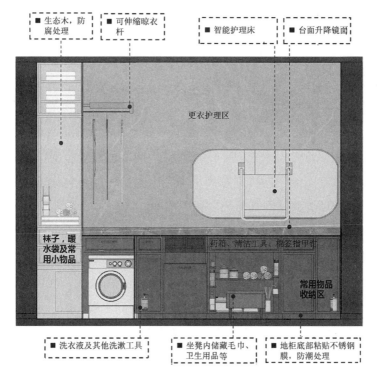

■ 生态木，防腐处理
■ 可伸缩晾衣杆
■ 智能护理床
■ 台面升降镜面

更衣护理区

袜子，暖水袋及常用小物品

药箱、清洁工具、棉签指甲钳

常用物品收纳区

■ 洗衣液及其他洗漱工具
■ 坐凳内储藏毛巾、卫生用品等
■ 地柜底部粘贴不锈钢膜，防潮处理

图 3.2-15　老年人卫生间的标准尺度 2

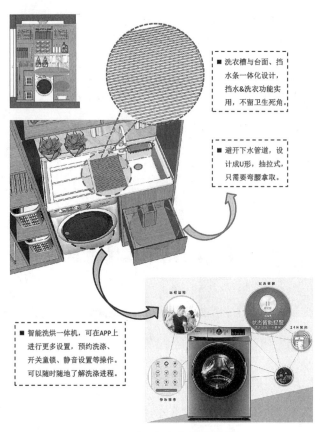

■ 洗衣槽与台面、挡
水条一体化设计,
挡水&洗衣功能实
用,不留卫生死角。

■ 避开下水管道,设
计成U形,抽拉式,
只需要弯腰拿取。

■ 智能洗烘一体机,可在APP上
进行更多设置,预约洗涤、
开关童锁、静音设置等操作。
可以随时随地了解洗涤进程。

图3.2-16　适合老年人的阳台收纳空间

2.过渡性户型到全龄户型的探索

室内户型如何满足全生命周期居住,如何从过渡性户型发展为全生命周期户型,减少由于家庭成员变化而带来的频繁更替住宅,延长建筑生命,更加人性化满足居住需求。无论是二人世界,三代同堂,抑或是面对全新的二胎、三胎时代,都可以通过空间的不同规划来满足每个人生阶段的具体需求。同时,源于对复杂生活的处处关照,洞察时代变化下空间、人、物三者之间的"共生关系"立足"生长"空间的打造,针对家庭成员结构需求、行为变化以及多元场景的变化,力求覆盖全家庭型对未来生活的期待与需求。

每个家庭处在不同的生命周期时,对户型的需求都会大不相同。房价有所上升,人们换房周期变长,且现如今户型后期改造空间不够,满足不了人们不同阶段的需求,所以全生命周期户型的探索意义重大。

同时,要解决户型的"全龄化"问题,应该对居者不同生命时期的需求做详细的甄别和分类(表3.2-1)。

不同生命时期对户型的要求						表3.2-1
	卧室数量	卫生间数量	收纳空间	晾晒空间	社交空间	适老化设施
二人世界	★	★	★	★	★★★	☆
一娃出生	★★☆	★★☆	★★☆	★★	★★	★☆★
四口之家	★★★	★★★	★★★	★★★	★★★	★★★

"全龄户型"是为了满足不同家庭时期对于居住空间的要求而产生的，以下以一个典型可变户型为例，具体阐述全生命周期户型的可实现性（注：户型来自万科"无限系列"）（图3.2-17）。

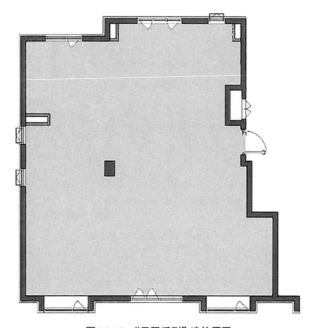

图3.2-17 "无限系列"建筑原图

原始建筑结构通过一个芯柱满足建筑结构的需求，建筑结构内无墙体，为空间的可变性增加更多的可能性。

全龄户型通过一个结构"芯柱"，可以使得一个固定的空间演化出不同的居住空间，满足人生不同阶段的使用要求。通过对建筑结构体系的创新，整个户型以一个结构柱作为建筑核心，通过楼板加固加厚，与建筑外剪力墙结构结合，满足其力学要求。竖向的管井位置基本都靠近外围偏北面从而使户型空间具有可变性。可以轻松完成户型之间的切换，打造不同年龄阶段不同需求的户型。

"单身贵族"户型是一个豪华的大一居，北侧的餐厨一体化设计更适合年轻人呼朋唤友开Party。在客厅的旁边设有小憩、看书、聊天的空间，悠然自得。超大套卧空间，增加品质感，独立卫生间方便使用，独立衣帽间增加收纳功能（图3.2-18）。

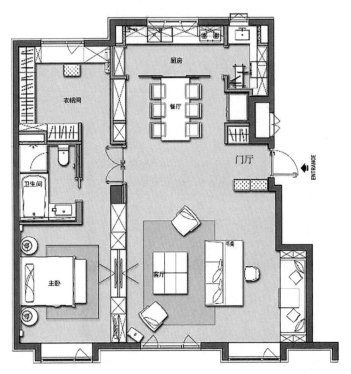

图3.2-18 "单身贵族"户型示意

　　"二人世界"版是一个大两居设计。客厅与书房融为一体，北侧的餐厨一体化设计，更适合年轻人呼朋唤友开Party。餐厅与厨房由推拉门分割，餐厅布置西厨区和双开门大冰箱，更符合年轻人的生活习惯。北侧小卧室被改造为独立衣帽间。主卧与客厅、衣帽间与餐厅、门厅与开敞式书房之间的隔墙均为定制柜体，大大增加了储物空间（图3.2-19）。

　　"二孩家庭"户型是一个改良版的迷你四居，专门为二孩家庭打造。南向几个功能区基本结构与"全龄之家"相同，主要变化在北侧，把家政间与餐厅合二为一。餐桌设置为一张靠墙放的六人方桌。如此，压缩了厨房、餐厅的面积，让出的部分留给了北侧卧室，使之变成两个相对独立的儿童房。两个儿童房的布局呈左右映射关系，中间由一扇推拉门分割，而且均享有采光。主卧与客厅、儿童房与餐厅之间，均为柜子做隔墙，大大节省了空间（图3.2-20）。

　　"三代同堂"户型是一个标准三居户型，满足老中少三代人在一个屋檐下共

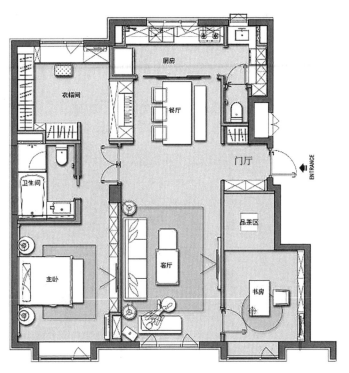

图3.2-19 "二人世界"户型示意

图3.2-20 "二孩家庭"户型示意

同生活，室内设计上也更加强调多种生活习惯的融合。客厅、餐厅、厨房"一"字型贯通，厨房套家政间，动线设计上更加合理。家政间中设置了独立的洗衣机位、储物位、洗手池位，每一寸面积都最大化利用（图3.2-21）。

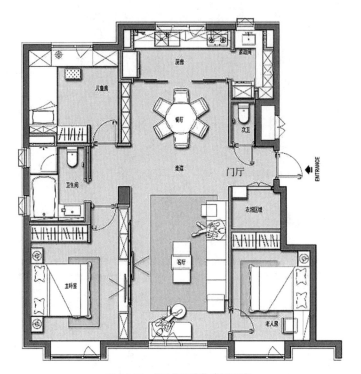

图3.2-21 "三代同堂"户型示意

3.居住空间功能多样化需求

随着人的生活方式的不断变化，对居住空间不仅限定于"住"的单一功能，社交的需求以及差异化的生活工作习惯，年龄层及兴趣爱好的不同，对于居住场所都有新的需求，更人性化地探索空间的多种使用功能，关注居住环境健康及精神需求健康，从空间维度倡导更融合的空间结构，让学习、办公、分享的居住需求不再受场景限制。让家变成容纳社会性的新载体；赋予家可居、可学、可办公、可玩的多种属性；促进家人的情感交流，从而体现新时代的生活方式，"家"更自由。体现一种从有界到无界的美好场域的生活体验，家已超越单纯意义上的功能诉求，更多是精神愉悦和身心合一的无界化升级享受。

在全民居家的日子里，我们与"家"产生了前所未有的"亲密互动"。当我们需要24小时和自己的家"黏"在一起时，究竟什么样的家才能提供给我们足够的"幸福感"呢！

1）客厅空间场景呈现

在室内空间中，有一对矛盾对立而统一，那就是"私密"和"交流"。如果说房间更注重私密感，那么作为最主要公共活动区域的客厅，则更注重家人之间的欢聚交流。在过往家庭模式里，以"电视为中心布局、电视背景墙为客厅关注点"已经无法适应当下的家庭需求。因此，家的客厅空间主张利用软装的可移动性布置不同的使用场景来匹配不同特点的家庭，使客厅空间不再局限于看电视，能够有更多可能，使人们的心理健康层面得到满足。

爱看电影是很多人的爱好之一，但不可否认的是，电影院的空间环境密闭、人流密集，所以家庭影院逐渐走进人们的生活，不仅能满足年轻人多样化的生活方式，还能填补空间过于单调的留白。一个好的家庭影院，不光是起到一个观影的作用，更是一家人舒适的休憩地、交流地。

（1）趣味空间的功能呈现

所谓"趣"，指的是趣味盎然。男主人的手办展示，女主人的下午茶，宝宝的活动空间，家庭的趣味场，每位家庭成员都能在此享受属于自己的美好时光！

（2）亲子空间的功能呈现

随着时代的进步社会的发展，带娃不再局限于女性，更多的爸爸参与到带娃之中，所以，家庭中需要有一个场所能够供亲子娱乐。越来越多的人在装修时把家人之间的交流互动作为设计的要点，以营造更加温馨和睦的家庭氛围。对于有孩子的家庭来说，亲子关系每个父母都很看重，亲子互动空间的打造，不仅能为孩子带来快乐，大人的心态也会变年轻。家庭亲子空间可以划分为娱乐区与读书区，区域划分明确可以让孩子树立不同的空间意识。

（3）工作空间的呈现

网络办公的普及让居家办公成为常会出现的状态。在家可以不化妆，不换新衣服，但需要一个相对合适的工作空间。这个空间需要安静，能听清电话会议中的发言声。而且，万一需要打开摄像头的时候，你的背景画面整洁干净，最好还能有些养眼的装饰，比如绿植、鲜花，或是书架、艺术品。所以花点时间把家里收拾一下，规划一个合理的办公空间很有必要。

客厅空间的灵动可变性丰富了其功能多样化，满足了不同人群的不同需求。可以在隐藏的办公区开启远程办公，在可折叠的运动区来场云健身，在休闲的时候聚在一起看场电影，在拓展出来的手工区陪孩子玩DIY……既能自由适应日常生活的成长，也能满足特殊时刻的临时需求。让客厅的功能不再仅是看电视，可以拥有更多可能。

2）餐厨空间的呈现

厨房，这片家里最具烟火气的地方，常常也是家的"灵魂所在"，自古就有民以食为天的说法，提及厨房在老百姓家庭分量，厨房承载的不仅是烹饪，更是串联我们成长的记忆。小时候，厨房是父母"变出"一道道美味的"魔法屋"；成长后，在家做饭更加可贵之处在于以开放的心态，去积极与周遭的日常发生关联，感受生活，烹饪变成了一件很解压的事情，能够让我们从理性的忙碌生活中暂时逃离，通过和家人一起做饭，增加了人与人之间的互动，增进了家人之间的感情。

（1）餐厨的社交

现在年轻人的生活方式，如健身餐、早餐空间、水果空间或亲子陪伴等无油烟操作，使得他们需要一个新的操作场景。岛台的引入，成为连接厨房和客厅的重要设计，也成为强大餐厨功能的一部分。这一开放空间，设计了既可以存放、使用小家电，还能完成配菜、摆盘等操作空间，变成融合社交、西厨、工作、休憩的复合型区域，让厨房社交走进每家每户。

开放式餐厨空间，不仅延伸拓展了视觉感受，更创造了自由的生活场景空间。打造一个完美的动线，把"洗—切—煮—用餐"的路径优化到最短，大大提高烹饪效率。烹饪，不再是一个人的孤军奋战，而是在与家人与朋友的谈笑风生中，做出一道道满溢幸福的丰盛美味。吃饭前先拍照似乎成为大多数人的习惯，一个干净整洁的环境，别出心裁的摆盘，精致素雅的碗碟以及合适的滤镜能够更好地展示生活。所以，现在厨房设计既要满足现代年轻人做饭的功能需求，又要满足年轻人社交的需求。以下实例围绕社交餐厨的功能布局、健康化打造，以及人性化尺度标准几方面详细阐述社交餐厨的健康化及人性化特征（图3.2-22）。

健康化打造：餐厨中重点布局健康智能化设备，从垃圾处理、健康食品监测、智慧化设备的应用，以及人性化收纳等方面重点布局打造空间的健康特性（图3.2-23）。

人性化尺度：基于空间的使用特性，既要满足基本使用操作，又要深入挖掘社交等功能，就需要从人体工程学的人性化尺度方面考虑，如何布局实现多功能的场景（图3.2-24）。

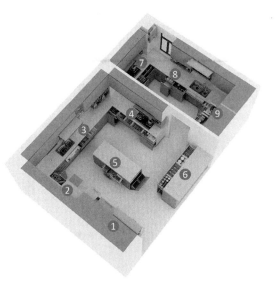

① 西厨储藏区	② 西厨操作区	③ 西厨操作区和清洗区
④ 西厨烹饪区	⑤ 西厨早餐台	⑥ 西厨吧台	⑦ 中厨烹饪区
⑧ 中厨操作和清洗区	⑨ 中厨储藏区

图3.2-22 社交餐厨的功能布局

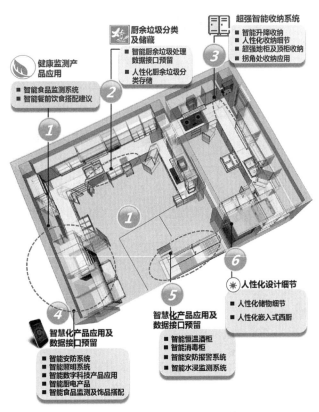

图3.2-23 社交餐厨的健康化打造

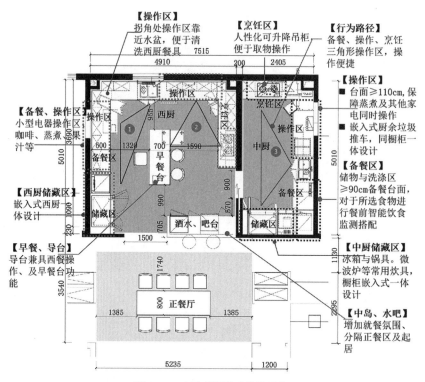

【操作区】
拐角处操作区靠近水盆，便于清洗西厨餐具

【烹饪区】
人性化可升降吊柜便于取物操作

【行为路径】
备餐、操作、烹饪三角形操作区，操作便捷

【备餐、操作区】
小型电器操作区咖啡、蒸煮果汁等

【操作区】
- 台面≥110cm，保障蒸煮及其他家电同时操作
- 嵌入式厨余垃圾推车，同橱柜一体设计

【西厨储藏区】
嵌入式西厨体设计

【备餐区】
储物与洗涤区≥90cm备餐台面，对于所选食物进行餐前智能饮食监测搭配

【早餐、导台】
导台兼具西餐操作、及早餐台功能

【中厨储藏区】
冰箱与锅具。微波炉等常用炊具，橱柜嵌入式一体设计

【中岛、水吧】
增加就餐氛围、分隔正餐区及起居

图3.2-24　社交餐厨的人性化尺度

（2）餐厨的人性化收纳

年轻人对美食的追求是多样化的，既要享受热腾腾的中式美食，也要精致小资的西式料理。因此诸如微波加热、汽蒸加热、烤制加热等的家用电器的需求会增加，如何将中西厨的烹饪空间有机地结合起来，满足居者的需求，也是需要从功能上重点考虑的。

同时厨房设备逐渐增多，种类日益复杂，利用厨房器具和空间进行有别于传统烹饪的兴趣交流成为厨房功能的新拓展，现在厨房内全都是"设备控"。厨房设备日益复杂化、专业化，设备集成化也使得家电功能不断合并，占用空间减少，布置方式趋于合理，收纳集成化使收纳空间合理精确。厨房空间可开拓出"第四面墙"作为厨房空间的延伸，所谓"第四面墙"是集烹调、展示、收纳于一体，开启厨房收纳新模式。

冰箱外置化，中厨部分的空间就腾出来了，活动空间瞬间也就变大了，将服务半径扩大至客厅，满足家人拿取生活用品及美食更方便；蒸烤一体机用来代替传统微波炉，满足家人烘焙乐趣，厨电外移后，会以嵌入式或者台面的形式进行摆放（图3.2-25）。

图 3.2-25 中西厨收纳示意

由此可见餐厨空间更讲究家庭感和生活感，融合多样的生活体验，留出更多的想象空间，餐厨合为一体的巧妙构思，强调餐厅厨房贯通，把餐厅和厨房化零为整，加上分区明确的U形布局，即使全家上阵，也不会显得拥挤，黄金三角动线的合理布局形成了最省力、最便捷的流线，缩短了来回走动的距离，提高下厨舒适度，能够充分发挥大家的烹饪天赋。中式+西餐，厨房有了大大的操作台面。通过合理的收纳布局，烘焙小电器们终于有了属于自己的空间，有了这样的厨房，既可以体会家人之间的三餐四季，也能实现与朋友之间的交流互通。

3）健康门厅空间

门厅，是与家的初遇，从繁杂的外界回归想要卸去一切不安与困扰，更宽敞的入户门不但带来更舒适的入户体验，还能够搬进大件的物品，给生活一个回家的仪式感。门厅作为家与外界的屏障，成为家中最重要的隔离消毒缓冲区，那么门厅要如何充分发挥"隔离缓冲区"的功能？下面一起来看看。

（1）门厅区收纳

为了居住生活健康安全，我们对门厅设计多加了一项功能，不仅仅是储物、美观，它的功能性需求更为重要。通过分成污染区、半污染区、清洁区三个区域，实现美观的同时隔绝从外界携带回的病菌（图3.2-26）。

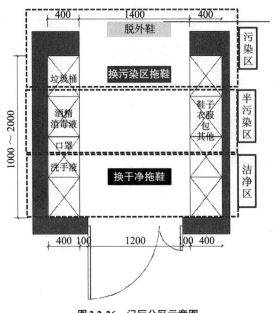

图3.2-26　门厅分区示意图

（2）门厅健康人性化储物

鞋柜下面预留150～200mm的开放式空位，进出要换的鞋直接不用弯腰、不用手就可以换上，外出穿的鞋子与清洁区干净的拖鞋不混在一起放置，常消毒，干净卫生，还会让门厅处更为干净整洁，鞋柜中部或侧面可以留空，用于放置包包、钥匙、雨伞等小件物品，以及干净的口罩、酒精等消毒物质，方便进门进行初次消毒。

预留挂衣区，外出穿的衣物一般在门厅就脱掉，这样预留挂衣区必不可少，如果位置空间大，挂衣区可内嵌于鞋柜中，下面设置换鞋凳，美观又实用。也可在鞋柜中预留挂衣空间，可以加装电子杀菌衣柜，能够一边收纳，一边进行杀菌，减少酒精或消毒液对家人呼吸道的刺激（图3.2-27）。

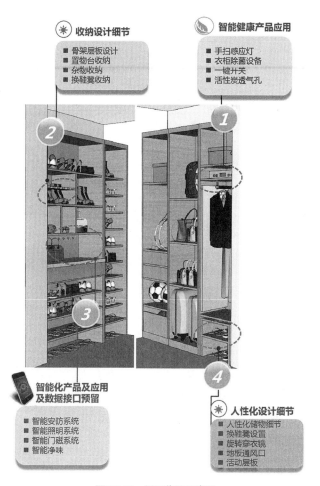

収納设计细节
- 骨架层板设计
- 置物台收纳
- 杂物收纳
- 换鞋凳收纳

智能健康产品应用
- 手扫感应灯
- 衣柜除菌设备
- 一键升关
- 活性炭透气孔

智能化产品及应用
及数据接口预留
- 智能安防系统
- 智能照明系统
- 智能门磁系统
- 智能净味

人性化设计细节
- 人性化储物细节
- 换鞋凳设置
- 旋转穿衣镜
- 地板通风口
- 活动层板

图3.2-27　门厅收纳示意图

（3）门厅智能化健康设施（图3.2-28）

（4）门厅健康照明与全屋智能安防

感应照明系统要考虑门厅整体照明及功能性局部照明，整体照明从手动开关升级到感应开关，不再需要摸黑找开关，做到人来灯亮，人走灯灭（图3.2-29）。

全屋智能安全防范设置在门厅，集多种开关于一身。可设置"回家模式"：开启灯光、开启指定区域背景音乐、开启指定区域空调、窗帘、电器、新风系统等。可设置"离家模式"：完成安防设防，关闭住宅灯光、空调、电器、地暖、背景音乐等工作。可设置住宅灯光全开或全关，也可设置迎客模式，大厅和起居室的灯光全部打开，喜迎客人……十分方便，是家居联动的必选产品。

4）健康卧室空间

居住行为习惯是人类居住方式在行为上的体现，它包括居住的场所选择与建

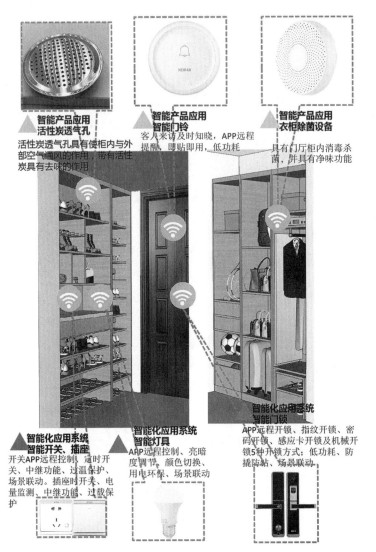

▲智能产品应用
活性炭透气孔
活性炭透气孔具有使柜内与外部空气通风的作用，带有活性炭具有去味的作用

▲智能产品应用
智能门铃
客人来访及时知晓，APP远程提醒，即贴即用，低功耗

▲智能产品应用
衣柜除菌设备
具有门厅柜内消毒杀菌，并具有净味功能

▲智能化应用系统
智能开关、插座
开关APP远程控制、定时开关、中继功能、过温保护、场景联动。插座定时开关、电量监测、中继功能、过载保护

▲智能化应用系统
智能灯具
APP远程控制、亮暗度调节、颜色切换、用电环保、场景联动

▲智能化应用系统
智能门锁
APP远程开锁、指纹开锁、密码开锁、感应卡开锁及机械开锁5种开锁方式；低功耗、防撬防钻、场景联动

图3.2-28 门厅智能化分布示意

人来灯亮

人走灯灭

图3.2-29 门厅智能化照明

健康住宅解析

造以及家庭的模式，受到生理、心理的，文化经济和社会等因素的影响，住宅室内空间的功能分区的不同，所产生居住行为不同。卧室是每个人最安心的港湾，摆脱传统卧室的刻板印象，这里可以打上每个个体专属的生活烙印，满足多样化起居需求，成为家庭生活中爱的增长点。同时卧室的拓展功能也是根据不同使用需求来设定的，如：具有睡眠区、休息区、化妆区、商务区、卫浴区、收纳区、衣帽间等功能，同时具备卫浴间干湿分区，休息区设置智能沙发，创造良好的休息环境，实现居家健康（图3.2-30）。

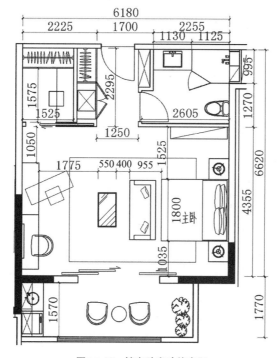

图3.2-30　健康卧室功能布局

（1）卧室的健康元素

与此同时，一个健康的卧室空间需要具备哪些健康元素及人性化关怀呢？总结见图3.2-31、图3.2-32、表3.2-2。

（2）卧室健康照明

卧室是多功能的，照明也要满足多功能的需求。这里需要柔和的光，营造放松的气氛。梳妆阅读时，可将灯光调节为柔和的护眼模式。而打造一个智能、舒适、健康的卧室，舒适的卧室照明尤为重要，人对强光非常敏感，特别是夜晚的强光，容易造成身体褪黑素分泌的紊乱。在功能照明之外，人更加适应相对弱一点的环境光照明。同时，人眼对光的色温、颜色都十分敏感，可以弱化一个中心

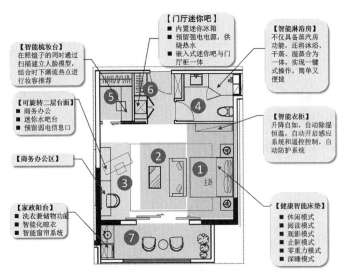

【门厅迷你吧】
- 内置迷你冰箱
- 预留强电电源，供烧热水
- 嵌入式迷你吧与门厅柜一体

【智能淋浴房】
不仅具备蒸汽房功能，还将沐浴、干蒸、湿蒸合为一体，实现一键式操作，简单又便捷

【智能梳妆台】
在照镜子的同时通过扫描建立人脸模型，结合时下潮流热点进行妆容推荐

【可旋转二层台面】
- 商务办公
- 迷你水吧台
- 预留弱电信息口

【商务办公区】

【家政阳台】
- 洗衣兼储物功能
- 智能化晾衣
- 智能窗帘系统

【智能衣柜】
升降自如，自动除湿恒温，自动开启感应系统和遥控控制，自动防护系统

【健康智能床垫】
- 休闲模式
- 阅读模式
- 观影模式
- 止鼾模式
- 零重力模式
- 深睡模式

图3.2-31 卧室健康元素体现

02智能梳妆台
- Wi-Fi连接，更新天气及妆容搭配
- 智能感应镜前灯
- 镜面可调整前后距离，保障妆容清晰
- 台面设置无线充电设备

03智能环境优化系统
自动除湿恒温衣柜
智能衣柜为衣物提供一个更佳的储存湿度、温度环境。通过调节柜体内的湿度和温度，来保持衣物的光洁如新，防止霉变虫蛀。

04集成数码控制系统
智能试衣镜
运用了无线射频识别技术，顾客只要走到镜前，镜子便会立刻感应到，与一旁的屏幕显示出搭配建议。

01智能床头柜
A. 智能弱电配置
在桌面内部嵌入3个磁性线圈方便用户无线充电需求，配备内嵌插座，提供USB接口以及强电插座，方便用户的其他接电需要，而且桌面的收纳槽可避免线缆缠绕。

01智能床头柜
B. 无线音箱系统
床头柜抽屉上方配备无线音响系统，音量旋钮安置在柜子背面，可通过蓝牙连接手机进行使用。

01智能床头柜
C. 制冷储物系统
抽屉内置无声制冷系统，可将抽屉内的温度控制在11~19℃的范围内，可储存部分饮品。

图3.2-32 卧室健康元素应用

健康住宅解析

卧室健康要点汇总		表 3.2-2
功能划分	睡眠区、洽谈休息区、商务区、卫浴区、衣帽区、门厅储物区、智能阳台	
健康人性化要点	人性化设计细节： 床头双控：双控使用更方便，灯光更柔和 高位插座：床背景墙上离地750mm处，设置一套插座 床头USB插座，便于小电器的使用 定制飘窗，增加收纳空间 商务区旋转二层台面，兼具办公及酒吧台功能 门厅设置收纳迷你吧，与鞋柜整体定制	
	健康智能设备： 睡眠监测床、智能沐浴房、智能梳妆台、电动窗帘 智能联动系统、智能情景模式	

的吸顶灯，由分散的不同的灯组成卧室照明，营造夜晚的氛围感，满足不同情绪的需要，适应不同的场景和功能需要。

（3）卧室健康收纳

每个家庭的地域、经济状况、生活模式的不同，收纳空间的需求也不同。收纳主要由人、物品、空间三个要素组成。收纳空间设计要考虑不同的要素特点，也涉及相同的收纳空间基本原则。

第一，以人为本原则，现今设计以人为本的设计思想是最基本的设计原则，收纳空间设计也不例外。

第二，针对性原则，针对不同的收纳人群而设计不同的收纳模式，居住者不同的年龄、职业、生活习惯都决定着不同的收纳方式。

第三，充分利用空间原则，住宅室内空间是有限的，合理充分利用空间收纳物品是必要条件。

第四，物品的分类原则，对物品按照使用频率、使用功能、形状大小等合理分类设置收纳空间。

第五，就近原则，对于不同功能的收纳空间要设计最短的流线位置，同一类型的收纳应放在同一区域。

第六，美观原则，收纳空间作为住宅室内设计的一部分，目的就是要带给居住者舒适、美观的环境。

了解了卧室家具尺寸大小及预留范围，就可以准确地布局自己的卧室空间。将传统的L形衣柜调整为一字形，入门空间变得更加开阔。深柜体设计，使收纳更高效。

（4）卧室健康尺度

室内空间的形状与空间尺寸是密切相关的，这里所说的合理的比例尺度符合人们生理、心理两方面的需要，生理尺度以满足人基本的生理活动的人体尺度的生理需求，也就是满足人体工程学的限定。而心理尺度不仅要满足心理上接受的空间、与人的距离，还应该包括人在一个空间中生活，可以让身心得到放松的空间尺度。卧室空间的人性化设计满足了人们的生理与心理需求。

5）健康阳台空间

阳台作为我们家庭接触自然的窗口，一个开敞又漂亮的阳台也成了我们对家的重要诉求。

（1）阳台的功能性需求

对于室内空间阳台的设计，应从更深层次关注人居健康，重新规划阳台的空间设计，要从安全、舒适、空间的多功能性角度出发，充分结合使用者的需求，在现有的空间下深化空间的功能性，满足多变性。阳台不仅可以作为家政空间，满足居者日常的晾晒储物功能，同时也可作为休闲放松的空间。打造绿色舒适的家庭"场域"，逐渐成为大多数居住人群的诉求。

（2）绿色健康的"家庭微农场"

"家庭微农场"是一个绿色概念的提出，旨在居家环境中，通过科技的手段及种植方式，将大自然引入室内居住环境中，将生态种植室内化，改善环境，同时增加居住空间的趣味性。

当今在倡导"亲近自然，绿色生活"的趋势下，人们对食品安全的重视程度日益提高。从农贸市场、超市采购的蔬菜或多或少都有农药、化肥及有害重金属的残留，对身体健康产生危害，造成人们对蔬菜质量安全问题的担忧。同时，由于气候和天气不稳定，也容易导致物流的运输受阻增加道路运输成本，使果蔬的物价上涨。重新对阳台进行功能布局，单独规划绿化空间，使阳台有足够的空间用于置放绿色蔬菜，打造"家庭微农场"，利用植物自身的化学反应调节阳台的温湿度，不仅可以改善阳台的湿热环境，也可以调节心情，改善居住生活品质。室内阳台空间的果蔬种植不仅绿色环保、安全健康，还能给居者创造更好的生活体验。"家庭微农场"采用先进的NFT营养液膜水培技术，智能光照系统、智能控制系统、智能循环系统、专配营养液、环保材质，六大核心科技打造阳台健康产品（图3.2-33）。

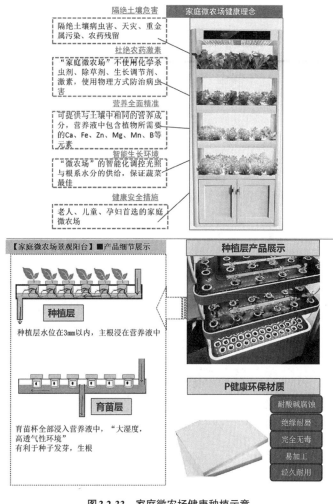

图 3.2-33　家庭微农场健康种植示意

　　家庭微农场健康特色：隔绝土壤危害，隔绝土壤病虫害、天灾、重金属污染、农药残留；杜绝农药激素，不使用化学杀虫剂、除草剂、生长调节剂、激素，使用物理方式防治病虫害；营养全面精准，可提供与土壤中相同的营养成分，营养液中包含植物所需要的Ca、Fe、Zn、Mg、Mn、B等元素；智能生长环境"微农场"的智能化调控光照与根系水分的供给，保证蔬菜最佳。

　　（3）阳台的多功能使用

　　对于长期在室内活动缺乏室外光照的人来说，能够拥有一块可以接受光照的空间显得尤为重要。阳台作为家居空间中受阳光照射时间最长的区域，自然而然成为人们接受光照、放松身心的最佳场所。凭借对阳台花草的种植，可以打造恬逸的生活场所，通过植物的柔化作用打破室内装饰的呆板与生硬，使室内空间充满生机。据测定，人在绿色环境中的脉搏次数比在闹市中每分钟减少4～8次，有的甚至减少14～18次，能够促进人的心态稳定。所以，家庭阳台中有一处休闲区域显得尤为重要。阳台可以承担客厅的功能，使用者在此会客、谈话、休息，同时增加种植，降低人们的心理不适感，能够接近自然、感受绿色氛围，提高空间的流动性（图3.2-34）。

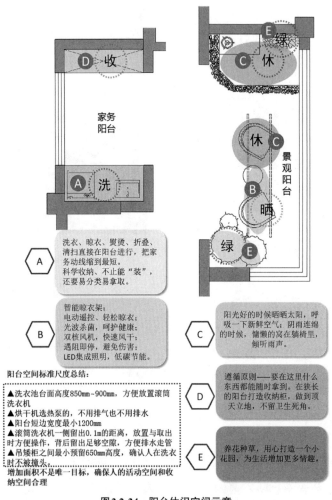

A　洗衣、晾衣、熨烫、折叠、清扫直接在阳台进行，把家务动线缩到最短。科学收纳、不止能"装"，还要易分类易拿取。

B　智能晾衣架：
电动遥控、轻松晾衣；
光波杀菌，呵护健康；
双核风机，快速风干；
遇阻即停，避免伤害；
LED集成照明，低碳节能。

阳台空间标准尺度总结：
▲洗衣池台面高度850mm~900mm，方便放置滚筒洗衣机
▲烘干机选热泵的，不用排气也不用排水
▲阳台短边宽度最小1200mm
▲滚筒洗衣机一侧留出0.1m的距离，放置与取出时方便操作，背后留出足够空隙，方便排水走管
▲吊矮柜之间最小预留650mm高度，确认人在洗衣时不被撞头
增加面积并不是唯一目标，确保人的活动空间和收纳空间合理

C　阳光好的时候晒晒太阳，呼吸一下新鲜空气；阴雨连绵的时候，懒懒的窝在躺椅里，倾听雨声。

D　遵循原则——要在这里什么东西都能随时拿到，在狭长的阳台打造收纳柜，做到顶天立地，不留卫生死角。

E　养花种草，用心打造一个小花园，为生活增加更多情趣。

图3.2-34　阳台休闲空间示意

3.3　健康室内物理环境

健康的室内环境应该是在满足工作和生活基本要求的基础上，既要满足居住者的生理、心理和社会多层次的需求，更要营造健康、安全、舒适的氛围。健康

住宅物理环境主要体现在四个方面：声环境、光环境、热湿环境及空气环境。

3.3.1 健康声环境

住宅的声环境是影响居住舒适度的重要因素之一。噪声的防治不能只在房屋建成后，出现问题了才进行补救，而应在设计阶段就加以考虑，对声环境进行优化，从设计的源头上进行噪声控制。

对于噪声的防控，应在城市规划阶段做起，从功能区的划分、交通道路网的分布、绿化与隔离带的设置、有利地形和建筑物屏蔽的利用，均应符合防噪设计要求。住宅应远离机场、铁路线、编组站、车站、港口、码头等噪声源，尽量避免在建成完工投入使用后再进行补救（图3.3-1）。

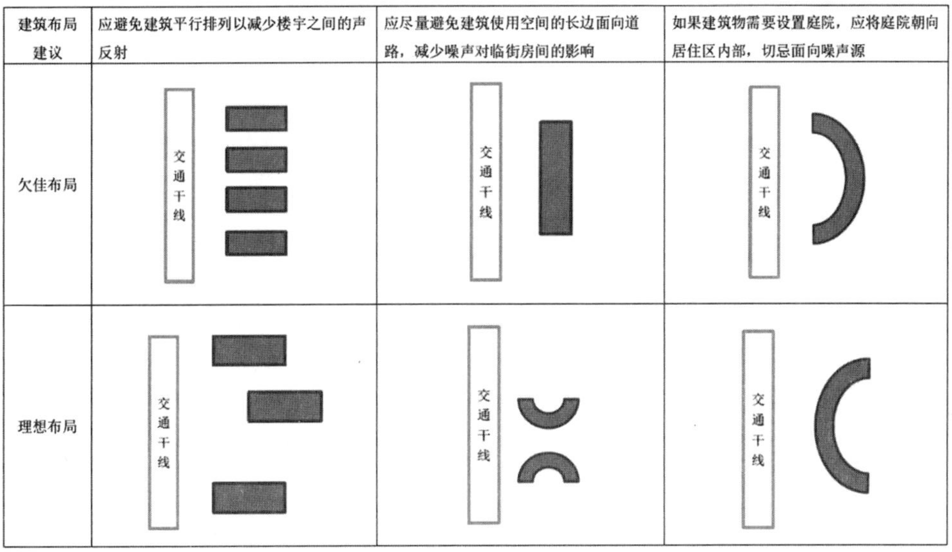

建筑布局建议	应避免建筑平行排列以减少楼宇之间的声反射	应尽量避免建筑使用空间的长边面向道路，减少噪声对临街房间的影响	如果建筑物需要设置庭院，应将庭院朝向居住区内部，切忌面向噪声源
欠佳布局	交通干线	交通干线	交通干线
理想布局	交通干线	交通干线	交通干线

图3.3-1　建筑布局与噪声

（1）在进行建筑设计前，应对环境及建筑物内外的噪声源作详细的调查与测定。

（2）住区规划时，严禁交通干线贯穿小区。

（3）应对建筑物的间距、朝向选择及平面布置等做降噪方面的综合考虑。

（4）与住宅建筑配套而建的停车场、儿童游戏场或健身活动场地的位置选择，应避免对住宅产生噪声干扰。

（5）当住宅建筑位于城市干道两侧或其他高噪声环境区域时，应根据室外环境噪声状况及室内允许噪级，采取有效的隔声、降噪措施，例如尽可能使卧室和起居室远离噪声源，沿街的窗户使用隔声性能好的窗户等。

（6）在住宅平面设计时，宜布置卧室、起居室（厅）在背噪声源的一侧；对于进深有较大变化的平面布置形式，应避免相邻单元的窗口之间产生噪声干扰。

（7）当厨房、卫生间与卧室、起居室（厅）相邻时，厨房、卫生间内的管道、设备等不宜设在厨房、卫生间与卧室、起居室（厅）之间的隔墙上。对固定于墙上且可能引起传声的管道等物件，应采取有效的减振、隔声措施。主卧室内卫生间的排水管道宜做隔声包扎处理。

（8）排烟、排气及给水排水器具，宜采用低噪声设备。相邻两户间的排烟、排气通道，宜采取防止相互串声的措施。

3.3.2 健康光环境

光环境是人类居住的重要环境要素之一，光作为有形无体的空间构成要素逐渐成为营造室内环境气氛的主角，为室内空间环境提供了更加活跃的表现因素，提升了室内空间的品质，满足多样的视觉需求。健康的光环境包括两方面：一方面是合理利用自然光；另一方面是合理营造人工光，即是一种健康利用人工光源的理念，强调合理、适度、科学的照明，提倡构建方便、舒适、节能、环保、健康，有益于身心健康、美化生活的照明环境。

1. 天然采光

自然光线对人的心理健康起着不容小觑的作用，长期待在阴暗的环境中，会使人精神颓废、萎靡，而明亮的自然光线可以使人心情舒畅。其次，自然采光可以调节人体的生理节律，事实上，很多疾病的发生都与生理节律紊乱有关系，例如癌症、心血管疾病、抑郁症、阿尔兹海默病等。因此，人体节律需要天然光环境的明暗周期引导，实现与自然节律同步。

2. 人工照明

人工照明，它是夜间主要光源，同时又是白天室内光线不足时的重要补充。人工照明环境具有功能和装饰两方面的作用，从功能上讲，建筑物内部的天然采光受到时间和场合的限制，所以需要通过人工照明补充，满足照明需要；从装饰角度讲，除了满足照明功能之外，还要满足美观和艺术上的要求，这两方面是相辅相成的。

（1）室内照明应适应儿童、老人、残疾人等不同人群，并具有可随居住者年龄和需求而变的灵活性。

（2）灯具应易于理解、使用，并能随时间和需求的改变进行调整；使用寿命长，不需要太过频繁地更新换代。

（3）为尽量减少跌倒及其他与能见度相关的事故，照明设计宜提供垂直、水平基准，有利于老年人控制自身定位，提高稳定性，如夜间用光线勾勒门框轮廓、用低亮度灯光照亮走道等。

（4）采用智慧照明控制系统对各照明回路进行调光控制，预先设计多种照明场景，存储娱乐、会客等多种场景模式，实现不同照明模式间的简便切换，令各区域在不同使用场景均能实现适合的照明效果，通过传感器实现与人行为模式的交互。

3.3.3 健康热湿环境

随着社会发展，人们对建筑物的要求从当初的遮风避雨、防寒避暑提高到创造舒适、健康的人居环境。建筑是为人服务的，住宅室内热湿环境对人的身心健康、舒适感及工作效率都会产生直接影响，室内环境与人息息相关。就室内环境而言，包括温度、湿度、风速、平均辐射温度等因素，这些因素对人体的影响既有生理方面的，也有心理方面的。因此，一个健康舒适的室内环境应该是使人在环境因素的综合作用下，生理和心理两方面均得到满足。所以，为住户提供一个舒适的热湿环境，就要从温度、湿度和送风速度等方面入手，使这些指标维持在一个合理、健康的范围内，其中室内环境的温湿度是对舒适度和健康状态影响最大也最为直接的环境参数。健康的室内温湿度环境能确保人体的散热、散湿处于合理的范畴，从而维持人体生理和心理指标的健康和稳定。此外，室内空气的新鲜程度（多以新风量或者CO_2浓度体现）也与人的舒适感和健康密切相关，因此，国内外不同专业机构均对合理室内温湿度环境进行了研究并针对不同建筑和不同人群提出了相应的"舒适区"，并据此制定了相关的标准。中国的《室内空气质量标准》GB/T 18883—2022对温度、相对湿度、风速、新风量作出具体要求（表3.3-1）。

室内空气质量标准 表3.3-1

指标	计量单位	要求	备注
温度	℃	22～28	夏季
		16～24	冬季
相对湿度	%	40～80	夏季
		30～60	冬季
风速	m/s	≤0.3	夏季
		≤0.2	冬季
新风量	$m^3/(h \cdot 人)$	≥30	—

为满足建筑舒适的湿热环境，从20世纪80年代住宅空调的逐步兴起至今，住宅空调的形式不断丰富，性能也不断提高。不同特色的住宅产品系列，需从长远角度出发，结合未来住宅空调的发展特点合理选择空调形式。目前，多联机是在节能和舒适性方面较为适中的空调方案，普遍适用于改善型的住宅产品；当产品面向的是注重空调经济性的人群，可考虑采用分散式空调，例如分体空调。此外，在部分产品中应用创新和节能空调产品，例如辐射吊顶供冷/供暖系统等，对于提升产品品质和节能创新具有积极作用（图3.3-2、图3.3-3）。

图3.3-2　分体空调

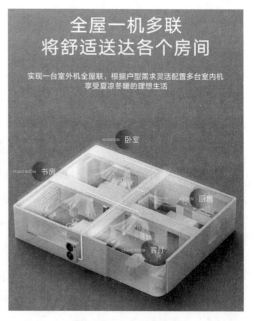

图3.3-3　户式中央空调

3.3.4 健康空气环境

相对于人体对室内热湿环境有着较为直接和明显的反应和感受，空气环境对人体的影响则较为隐秘、间接和缓慢；而人对空气环境的感知也更为"迟钝"。住宅室内空气环境对人体健康的影响，根据来源可分为化学气体成分、病菌、颗粒物、水蒸气。目前，大家所熟知的甲醛、VOC（挥发性有机物）、SVOC（半挥发性有机物）等大多都是空气环境中的化学污染成分。这类污染物往往来自于住宅室内环境自身，如不合格的家具、建材、油漆、涂料、装饰等都会在使用的过程中长期释放化学污染物。除此之外，日常使用燃气灶烹饪等都会产生一些化学污染物，进而污染室内空气环境，对人体健康产生深远影响。

空气中另一类有害成分便是颗粒物。随着雾霾等极端恶劣气象条件的出现，人们更加关心室内颗粒物的浓度水平，特别是PM2.5的概念深入人心。这些空气中的颗粒物对人体的健康损害主要有两类，一类是颗粒物自身的毒害性，另一类是颗粒物所携带物质的毒害性。目前，大多数雾霾天气状况的出现，均是工业生产加工过程中带来的环境污染所造成的。而这些来自于人类活动过程中的颗粒物，自身往往含有各种有毒有害元素，因而造成颗粒物本身的有毒有害性。而在空气中，颗粒物还能通过吸附作用，携带一些其他的有毒有害物质，如细菌、病毒等，都可以吸附在颗粒物表面而进入人体，并对人体健康带来损害。

打造宜居的室内空气环境首先需要有良好的通风条件，通风对甲醛、VOC等化学性有害气体有着其他手段难以企及的效果。但是在北方严寒的冬季或南方炎热的夏天，自然通风往往伴随着让人困扰的能量交换，在这种场景下，新风系统就成为一种非常必要的选择。住宅新风系统可以有效防止雾霾烟尘，清除室内装饰后留下的甲醛、苯等有害物质，驱除室内油烟、CO_2及各种异味，并能排出室内各种细菌、病毒。对于潮湿地区，住宅新风系统可以有效控制室内湿度，防霉防潮，有利于延长建筑及家具的使用寿命。因此，住宅新风系统得到越来越多的关注和应用（图3.3-4）。

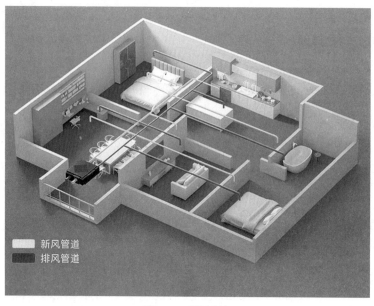

图例：
- 新风管道
- 排风管道

图3.3-4　新风系统

健康居住公共区域

3.4.1 住宅公区功能多样化

居住环境的公共区域承载着社区文化、艺术价值等精神内核，对于居住者幸福提升起着至关重要的作用，同时也是居住人群社交、活动的重要开放性场所，其功能的设置需要更多关注居者的需求与体验，融入"以人为本"的居住理念，从便利性、功能性、不同人群适应性、美观性、属地文化及艺术性等维度考量，营造更加适应和满足居民的生活方式和价值观，使居住环境更受欢迎、赋予更多意义激发生活区凝聚力、提升居住人群的参与度与归属感。

住宅公区已经从早期的"通过式空间"发展成为具备老年人关怀的社区智慧系统、满足年轻人生活习惯的园区运动场所、便于亲子互动的儿童娱乐区；同时为了满足更多的社交需求，公共区域设置架空层，满足全年龄段家庭公共社交需求。

在早期架空层一直是个"真空"地带。因为难以直接产生物业收益或运营价值，所以许多功能都停在"说说而已"的层面。随着市场的成熟，愈发年轻的置业群体也开始关注社区的整体体验，希望拓宽生活边界，在社区内实现"家的延伸"。

因此，必须深挖产品的每一寸价值来提升住宅项目的品质和服务。而架空层就是其中能够做出社区特色的地方，也有机会成为人与社区的桥梁。

在此趋势下，架空层的设计、规划、功能定位都在不断推陈出新，这个过程已大致经历了三个阶段：

一是最粗糙的景观附件阶段，以非功能性、观赏价值低的绿化为主；

二是具有功能区域划分，但差异主要以休闲座椅的款式来区分的"伪"功能空间；

三是具有系统性功能区块规划，在场景互动、功能体验上都全面升级的社区休闲中心。

现在，架空层设计更偏向功能化，互动性、场景化使得功能得到较大提升。

1.打造开放、互联的"社区洄游公园"

这是一个无界共融、注重社交与互动的时代，住宅社区也开始不断强调这一点。与过去架空层之间相互割裂相比，架空层的发展走向互动、联通，并且强调对整个社区的开放、与户外景观的融合。

在架空层之间设置连廊是比较常见的做法，让居民无论晴雨都能自由穿梭于整个社区的架空中，形成一个"社区洄游公园"（图3.4-1）。

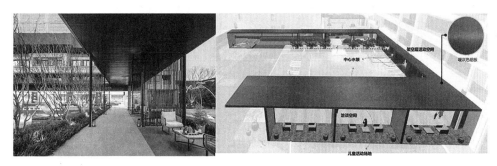

图3.4-1 "社区洄游公园"

2.沉浸式游乐区

与单调的滑梯、秋千不同，现在的儿童区承载的功能越来越丰富。在游乐设施方面进一步解放孩子"爬上爬下"的天性，也更注重小伙伴之间的互动性。儿童沙池搬到了架空层里面，让孩子们无论晴雨都能享受在沙子里撒欢的快乐（图3.4-2、图3.4-3）。

图3.4-2　娱乐空间攀爬墙

图3.4-3　娱乐空间沙池

3.学习区

人们对孩子的教育重视程度越来越高。因此，除了娱乐模式外，学习模式也必不可少。将儿童学堂与游乐区共同规划为一体，孩子们既可以在这里玩耍，也可以和伙伴一起学习、做手工，以此达到寓教于乐的目的。

4.健身区

对于青年来说，生活边界的拓宽被重视了起来。在家之外设置一个"多维空间"是比较讨喜的做法。健身区一直都是架空层的标配。以固定式的健身设施为主，打造了风格明显、色彩对比强烈的健身区域，为居民提供便利。

5.社区农场

在架空层中设置小范围的种植区域，使人们可以亲近自然，感受种植的乐趣。在架空层中，居民可以在农场区小范围耕种作物，也可以在物业的组织下共同参与植物栽种活动。孩子们可以学习植物的分类、辨认各种作物。

6.宠物区

现在，爱养小动物的家庭越来越多，"宠物友好"功能也逐渐被规划在架空层中，让人们随时都能安心下楼遛"毛孩子"。

7.影音厅

在社区内规划观影空间，适合全龄段居民共享，是增添社区生活乐趣、拉近邻里距离的绝佳方法！剧场、演讲厅这类公共参与度强的功能空间也越来越多。规划开放式剧场，不仅可以组织孩子们的话剧活动，还可以举办TED类公共演讲活动，促进邻里交流。

架空层空间的功能区域划分可以依据人们的每日生活轨迹，规划了四大中心——交融中心、活力中心、交互中心、共享中心，营造全新的社区空间格局（图3.4-4）。

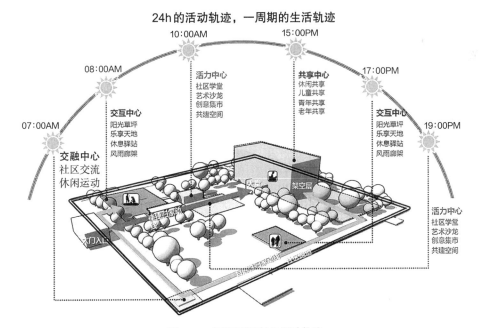

图3.4-4 共享架空层24h活动轨迹

在新的城市建设背景下，城市建造更多地转变为生活方式引领和精细化运作模式，不仅仅是构建一处空间，更是希望通过打造整体的氛围和生活场景，实现人们对生活模式的更新和完善。

3.4.2 住宅公区健康防护

住宅楼栋的公共空间及公共设施是保障住户健康舒适生活的载体。病菌传播主要的途径包括接触传染、气溶胶传染、下水道传染等，如何避免传染源在楼栋中不同住户间交叉感染，从而对于公共空间及设施的升级迭代提出了非常紧迫的要求，如何从设备、空间细节、智能化设施等方面有效防疫，是当今生活面临的严峻问题。

1. 全方位消毒喷淋系统

电梯门关上时，感应器感应到梯内无人时，电梯启动消毒杀菌装置。消毒杀菌进行中时，如有人使用电梯，杀菌消毒立即停止；待乘客离开后或感应检测到梯内无人时再次启动。电梯智能消毒杀菌系统单次持续工作最长10min，可将$6\sim10m^3$电梯轿厢空间及按钮等消毒杀菌有效率达95%以上。消毒杀菌系统关闭后，通风系统马上自动打开，确保轿厢与外面空气对流交换。

2. AI测温系统

小区智能门禁测温系统可以精准地测定居民的体温，结合管理平台，可实现对检测数据的记录和统计。

3. 紫外线杀菌系统

电梯专用紫外线杀菌装置，紫外线消毒灯与智能模块感应装置相结合，当电梯轿厢内有人时，紫外线灯会自动关闭，而当电梯处于空闲状态时，紫外线灯就自动点亮。还可以装置专业杀菌设备，能够清除有害微生物，分解化学气体，去除可吸入颗粒。

4. 智能门禁系统

支持RFID，实现非接触式双向通信；支持人脸识别、智能扫码，匹配陌生人监测功能；可视对讲室内机具备呼梯功能，提前呼叫电梯至所在楼层，节省等待电梯时间。

住户长期出差时可以选择外出模式，如果室内有异常可以自动报警，安全得到保证。

第 4 章

健康住宅建造技术应用

4.1 健康住宅建造技术概述

4.1.1 健康住宅建造技术的概念

《黄帝宅经》序言中指出："故宅者，人之本。人以宅为家，居若安即家代昌吉；若不安，即门族衰微。"足见自古以来住宅的健康与安宁对每个家庭稳定、和睦的重要性。

本书中所倡导的健康住宅建造技术，不再只是停留在传统意义上的养老或利于疾病治疗和康养层面上的简单定义，诸如一些环境友好型建筑，如被动式、主动式建筑以及装配式建筑等，有利于健康住宅环境营造，同时又符合社会倡导的绿色发展原则、尊重自然环境，有利于提升社会整体环境的新兴建筑建造技术，亦属于健康住宅建造技术范畴，且更有利于创造更为广泛的"大健康"居住环境。因此，凡涉及此类的住区住宅，均在健康住宅范畴之内。

4.1.2 住宅建造技术对健康生活的影响

如何降低人类活动对环境的不利影响一直是全球面临的共同话题，目前，中国"双碳"目标的发布，对建筑行业也提出了更高的要求，原来较为粗放型的建材企业因环境和产品质量问题而面临生存危机，一些环境友好型建筑技术又被重新提及，对提升居住环境也有很大的积极意义，这些都与健康住宅息息相关。

比如被动式建筑建造技术，顾名思义是一种通过被动的方法降低建筑能耗的方式，需要结合当地的自然及社会环境通过建筑师在源头进行建筑体系化的设计，以保证建筑室内环境的舒适性、地域建筑风貌和传统生态经验的传承，同时尽可能利用太阳能、地热能、风能等自然界的清洁能源，以达到降低建筑能耗的效果。如巴塞罗那Trinitat Vella地区的社区生活中心（图4.1-1），作为最小化碳足迹的建筑，木材是建筑中使用最多的材料，施工完全采用干式安装，由金属框架组成的梁柱体系和由辐射松木交叉层积板制成的承重系统相互支撑，赋予了整栋建筑稳定性。作为被动式建筑，最小化能源和材料消耗，在设计上体现了全部采暖和空调需求。考虑到木结构的低蓄热能力，通风系统利用土壤的热惰性，将新风管道设置在了山坡的切口中。空气带着来自土壤的热量在管道中循环，并将其释放到两个如同巨大导体的有顶庭院中。如此更新后的空气夏季凉爽，冬季温暖。所有房间的空气均来自庭院，通过风机盘管微调温度和湿度，以满足舒适性的需求。此类被动式建筑范例在设计起始就关注了自然光线及自然通风的充分利用，创造舒适的物理环境；在使用清洁能源降低能耗的同时也降低空气污染，提升了空气质量等健康物理环境的因素，与健康住宅的技术要求不谋而合、相辅相成。

而在实际建筑建造过程中，如遇到一些建造技术与健康生活有冲突的情形，就要设计师根据利弊做出技术的取舍，实现建造技术与健康环境营造的和谐共生。

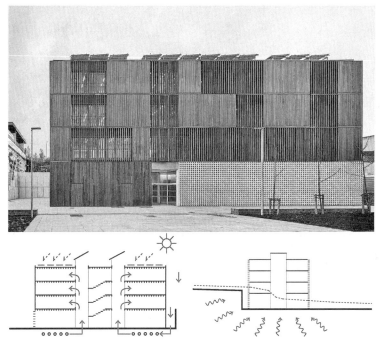

图4.1-1　巴塞罗那 Trinitat Vella 地区的社区生活中心

4.1.3　健康住宅建造技术的更新与发展应用

目前，健康住宅在中国相对于发达国家起步较晚，区别于国外建筑设计师对项目总包实行全周期责任制度的方式，中国的建筑设计与施工层层分包导致建筑师丧失一定的话语权，加之健康住宅对设计配合度要求较高、施工难度大等原因，导致市场自主发展健康住宅建造技术难度较大。因此，中国健康住宅建造技术发展主要以政府主导为主，目前已推行的主要有以下几种。

1. 被动式建筑

人、建筑和气候之间相互依存，构成一个庞大的系统。被动式建筑发展史也揭示了人、建筑、气候之间关系的变化历程：人类社会初期，人被动地通过建筑来适应气候；20世纪中期，人凌驾于气候之上设计及建造自己想要的建筑；20世纪80年代以后，人们主动地通过建筑来适应气候乃至创造气候。建筑作为人与气候的中介，反映人与气候之间关系的演变过程，从依附、控制到尊重。同时，被动式建筑发展的历史也是人类文明发展的历史，从农耕文明、工业文明到生态文明，被动式建筑经历了从朴素的被动式建筑、被动式太阳能建筑到现代的被动式建筑的演变过程（图4.1-2）。因此，只有在物质发展较为丰裕的现代，人们才能更加注重以"人"为本，同时致力于建立人和自然的健康、和谐关系。

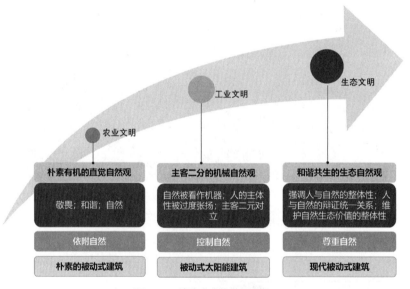

图4.1-2 被动式建筑发展阶段

简单来说，被动式建筑的核心理念是提升人在住宅内的全方位健康程度，建筑师通过恰当的设计手段把建筑对能源和资源的日常消耗如空调、照明、供暖、用水等降到最低程度。由于生活地域和文化的不同，造就了生活习惯与需求的差异，对住宅健康的需求也大相径庭。所以，建筑设计师需要运用不同的设计方法和策略，结合地域气候特点，把建筑的能量消耗降到最低，同时满足人们的健康需求。

德国建筑大师沃尔夫·劳埃德说，建筑师在改变世界之前，他要了解世界的状态是什么，要了解他为了改变世界必须处理的现有状态是什么。如果他知道这个改变应该是什么，就会想知道通过什么工具、措施、程序去达到这个目的。如果他想对这个世界进行干预，那么他也会想知道他创意的结果是什么。被动式建筑要达到实现健康住宅功能、营造健康环境的目的就要求建筑设计师及投资方必须在设计源头即进行深入研究，形成可行性设计、建造及运营一体化策略。

保证良好的气密性是被动式住宅的关键因素，通过门窗材质、结构及外表皮的特殊结构来组织冷热空气的交换，避免冬季冷风渗透和夏季热辐射，依靠自然风的组织实现冬暖夏凉，减少空调设备的使用，维持住宅内利于健康的舒适温湿度环境。被动式建筑建造技术在围护结构应用较多，如：

1）屋顶、墙体

被动式建筑一般会使用绝热材料来减少冬季从房间散失的热量和夏季从室外传入的热量。被动式建筑选取 R 值 $22 \sim 30 (\text{m}^2 \cdot \text{k/w})$ 的保温墙壁和 R 值 $40 \sim 50 (\text{m}^2 \cdot \text{k/w})$ 的保温顶棚。较低的 R 值用在气候温暖地区，较高的 R 值用在气候寒冷地区，表4.1-1是外表面为主导的被动式建筑保温隔热性能参数热阻值。

外表面为主导的被动式建筑保温隔热性能参数热阻值 Rsi [RUS]　　表4.1-1

生态区	亚热区	温和区	寒冷区	严寒区
屋顶	3.3[19]	8[45]	10.5[60]	17.6[100]
墙体	7[11]	5.3[30]	7[40]	17.6[100]

来源：HAGGARD K，BAINBRIDGE D. Passive solar Architecture pocket reference[R]. 2009.

因此，外围护结构应尽可能密封，以在冬季减少热量损失，渗透造成的热损失与导热造成的热损失不相上下。对于密封的门、窗户及建筑连接处等尤其需要注意冷空气渗透的不利影响。

完全封闭的建筑虽然可以满足保温的需求，却不利于空气交换。随着现代技术的发展，为了更进一步有利于居住者的健康，新风产品应运而生并已成为健康住宅的必备新卖点，一些有空气热交换器的新风系统利用正负压对气流进行组织，并通过薄膜结构使得冷热空气在交换过程进行中和，使得输送的空气始终保持在人体舒适的温度（图4.1-3）。

2）门窗洞口

人的身体健康离不开阳光照射，采光对于住宅十分重要。被动式住宅多采用 Low-E 玻璃，Low-E 玻璃又称低辐射玻璃，是在玻璃表面镀上多层金属或其他化

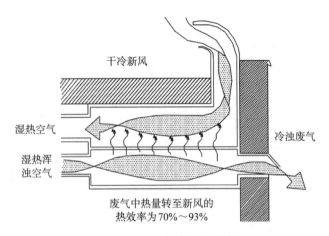

干冷新风

湿热空气

湿热浑
浊空气

冷浊废气

废气中热量转至新风的
热效率为70%~93%

图4.1-3 新风系统空气热交换器

合物组成的膜系产品。其镀膜层具有对可见光高透过及对中远红外线高反射的特性，使其与普通玻璃及传统的建筑用镀膜玻璃相比，具有优异的隔热效果和良好的透光性。

此外，炎热地区的夏季遮阳需求尤其重要。炎热地区的被动式住宅在门窗洞口多设置遮阳系统，有些设置在窗洞外侧，分为固定式和非固定式两种，非固定式可随阳光照射的不同自行调节，甚至可通过智能化感应系统自行调节遮阳角度等来提升室内采光的舒适感。还有直接在窗玻璃内侧设置的百叶窗形式结构，更加方便且不易损坏，耐久性更佳。

2.主动式建筑

主动式建筑核心要义就是以人为本的建筑，即在建筑的设计、施工、运营等全生命周期内，在关注能源和环境的前提下，以建筑室内的健康性和舒适性为核心，以实现人的良好生活（well-being）为目标的建筑类型。主动式建筑是关注能源、环境以及人的健康为主的所谓可持续绿色建筑，这与健康住宅的宗旨不谋而合。

主动式建筑的研究与实践在中国起步相对较晚。早在2002年，丹麦、德国、芬兰、美国等国家的建筑设计师及暖通工程师等就提出了"主动房"的建筑理念，并在布鲁塞尔成立了国际主动房大联盟Active House Alliance（AHA），开始探索和推广主动式建筑。2017年5月，中国建筑学会主动式建筑学会委员会成立，主动式建筑这一概念才开始引起大家关注。在项目实践上，丹麦哥本哈根大学的绿色灯塔教学楼（Green Lighthouse）是主动式建筑的代表作（图4.1-4）。中国第一个主动式建筑示范项目威卢克斯办公楼于2013年建成，该项目完全按照主动式设计理念建造，并通过主动式建筑评估认证。2020年12月，中国建筑学会发布《主动式建筑评价标准》T/ASC14—2020，主要以使用者利益为核心，注重空间内"人"的舒适度。主动式建筑的理念和技术渐渐在中国推广和应用。

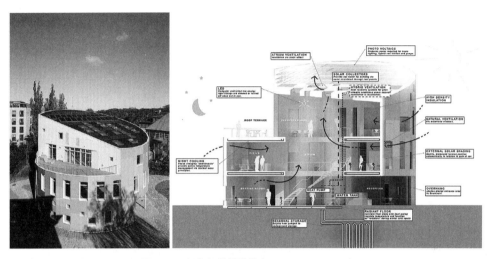

图4.1-4　绿色灯塔教学楼（Green Lighthouse）

主动式建筑设计应用主要围绕舒适、能源和环境三方面。舒适包括自然采光、热环境、室内空气质量；能源包括能源需求、能源供应、一次能源消耗；环境包括环境荷载、淡水消耗和可持续建设等。建筑利用各种主动式方式实现建筑的低能耗环境友好的健康环境标准，不仅仅局限于建筑的设计建造，还涵盖了运营时的策略，实现建筑全生命周期的健康与节能减碳（表4.1-2）。

主动式建筑评价标准技术体系　　　　　　　　　　　　　　　　　表4.1-2

主动性	舒适	能源	环境
主动感知	天然采光	建筑能耗	环境荷载
主动调节	室内湿热环境	建筑产能	资源节约
—	室内空气质量	—	—

依照《主动式建筑评价标准》T/ASC 14-2020，主动式建筑的评价主要分为主动性、舒适性、能源、环境几个方面（图4.1-5），各项又分为一二级指标，每个分项都规定了详细的主动式建筑的建设原则与指标，以及评价方法。如室内环境参数包括温度、湿度、CO_2浓度、PM2.5浓度、VOC浓度、照度、噪声，室外环境参数包括温度、湿度、风速、风向、太阳辐照度、CO_2浓度、PM2.5浓度、

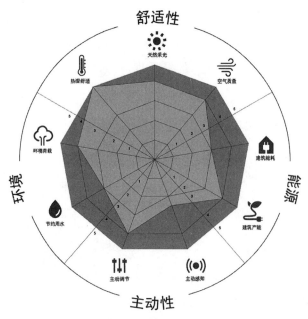

图4.1-5　主动式建筑表达建筑性能的雷达图

噪声、降水强度等。《主动式建筑评价标准》T/ASC 14-2020对指导主动式建筑的应用与发展有重要的推动作用。

3.装配式建筑

近几年，由于建筑工业的发展和人们对住房需求激增，国家开始大力发展装配式建筑，各级政府也发布相应的政策文件推动装配式建筑的发展。随着"双碳"目标的提出，装配式建筑的发展面临新的挑战。虽然装配式建筑以其标准化设计与生产、装配化施工、一体化装修、信息化管理的特征，具有生产速度快、部品构件质量稳定、施工效率高、劳动力资源消耗少、可持续发展等优点，但装配式究竟能否利于住宅健康以及环境友好始终是业界争议的焦点。

装配式建筑起源于英国，大致历经了三个阶段。第一阶段：建筑工业化体系初步形成；第二阶段：注重部品构件质量；第三阶段：低碳环保，可持续发展。中国在"十三五"装配式建筑行动方案中明确指出：到2020年，全国装配式建筑占新建建筑的比例达到15%以上，其中重点推进地区达到20%以上，积极推进地区达到15%以上，鼓励推进地区达到10%以上。全国各地政府也实施了相应的鼓励装配式发展政策及福利，装配式建筑获得快速发展（表4.1-3）。

虽然国家对装配式建筑大力支持，但装配式建筑的发展依然存在其局限性。如相关政策与装配式建筑发展协调性不够，技术体系有待完善，管理体系不健

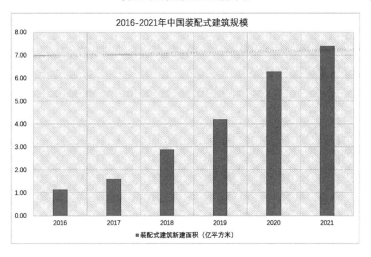

装配式建筑新建面积统计表　　　　　　　　　　表4.1-3

全，前期投入高、增加成本等问题，使得装配式建筑发展受到一定的阻碍，加上装配式建筑如何创造更利于自然和人类健康的居住环境，仍需要不断的思考与探索，找到更加合理且双赢的路线。

其实，装配式建筑与环境友好和人的居住健康亦能殊途同归，虽然生产过程可能会增加能源消耗与污染，但从长线来看，装配式建筑更有利于制定严格的建材溯源与施工管控标准，降低污染物等，创造良好的建筑物理环境。另外，随着信息技术的快速发展，装配式建筑与数字化技术的结合，也能更好的利用信息化资源，提升建造质量，规避人工缺陷，从整体上减少资源浪费，制定更为合理的节能减排方案，从而利于环境健康。

4.2 健康住宅的一些建造措施

除了前面提到的一些有利于健康住宅环境营造的环境友好型建筑外，也可以通过采用一些适宜的建造措施，来提升住宅室内的物理环境，共同营造一个适宜居住的健康生活空间与室内环境，保护居者的身心健康。

4.2.1 卫生防疫措施

2020年初始，一场突如其来的新冠疫情给全社会带来了巨大的影响和冲击，这场疫情被国家卫生健康委描述为"新中国成立以来传播速度最快、防控难度最大、涉及范围最广的突发公共卫生事件"，在一定程度上重塑了人们的生活与工作方式。尤其是后疫情时期，许多城市进行常态化疫情防控，居家生活与居家办公成为新常态，随着人们居家时间的增多，住宅户内设计上的不足就会愈加凸显，用户对住宅建筑内部功能与居住小区外部环境有了更高质量的需求，人们的目光也更加聚焦防疫与健康。

新型冠状肺炎病毒由世卫组织在2020年1月命名，已知可引起感冒、严重急性呼吸综合征等较严重疾病，是以前从未在人体中发现的冠状病毒新毒株。这种病毒主要通过飞沫传播、近距离空气传播、近距离接触传播等传播方式进行病毒的传播与扩散。

对病毒传播途径了解后，我们就知道居民在居家过程中应该注意哪些事项：①用抹布浸湿消毒液后擦洗经常触碰的物体；②室内多开窗进行自然通风；③外出回家后先洗手并将衣物脱下放窗口通风处；④减少对厨房和卫生间机械排风系统的使用频率；⑤完善和优化洁具与地漏的水封条件；⑥适度运动使机体增强抵抗力等。我们可以针对部分注意事项，通过一定的技术优化手段来提升厨房、卫生间通风道与排水管道的密闭性，降低病菌等以气溶胶的形式通过排气道、排水管道进行传播并发生交叉感染的概率。

厨房、卫生间通风道经常发生串味儿、反味儿的现象，原因大致有以下几点：①采购的成品通风道内表面粗糙不平整，影响排气效果；②成品通风道在分户楼板处的密封工作不到位造成的渗漏；③风道与风道之间的连接处成为密闭性的薄弱环节，易发生渗漏；④通风道在每层与油烟机软管衔接处由于密闭性、气压等因素导致此位置易发生串味儿现象。对以上渗漏原因了解后，我们就知道从哪些方面入手去处理这些问题：①选材，应该选择密闭性良好、内壁光滑、系统检测合格的成品通风道；②连接形式，风道与风道间的连接方式建议采用承插连接并加密封圈密封的形式，不宜采取简单的对接方式，防止接口处漏气；③防回流装置，加长防回流装置上翻尺寸至350mm，降低串味儿概率，同时选用高质量防火止回阀，有效避免漏气情况发生；④变压板，选取在通风道内每层排气口处增设变压板的成品风道，降低排气口处的气压，增加排气口局部的空气流速，减少在排烟口处发生串味儿的概率（图4.2-1）。

厨房、卫生间排水管道通常由于自带水封的地漏水封层易破坏，造成地漏臭气外溢；现在市面上地漏类型很多，部分业主更换的地漏不满足水封高度要求，

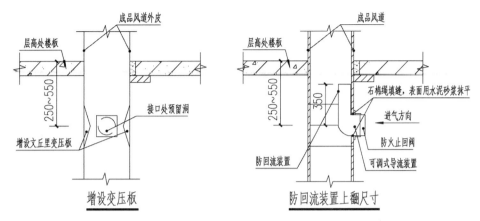

图 4.2-1 通风道节点

或地漏长时间没有补充水，水封内的水不断蒸发，水封高度下降，导致水封失去作用。业主在选择时可采用防涸地漏加存水弯的形式，增加水封稳定性，避免存水弯内水封蒸发干涸，同时需要定期向地漏存水弯内注水（疫情期间可加注消毒液），保持一定的水封高度，排掉存水弯内的旧水、脏水，更换成新鲜的干净水。洗手盆、洗菜盆下存水弯与预留排水接口密封不严，也可造成排水管道内臭气通过接口间缝隙外溢。洗手盆、洗菜盆下存水弯宜采用硬质UPVC管件与排水管道一体化安装，软管接口留到存水弯上方，排水管接口处采用密封接头进行密封，保证管道接口位置不漏气，降低病菌传播的可能。

4.2.2 隔声降噪措施

以往研究发现，噪声对人体听觉、神经、内分泌、心血管等系统都有不同程度的伤害；儿童受到的噪声影响更为严重，嘈杂的生活和学习环境容易导致儿童的智力发育迟缓、认知能力及短时记忆力的下降。住宅是与人们日常生活联系最密切的空间，其内部噪声显著降低人们的生活质量、工作效率和健康水平。由此可见，噪声的影响是多方面的，基于对痛点问题的思索，提出了有关设计、施工等方面的技术措施，减少对健康有影响的不利因素，降低噪声对居者的不良影响。

从声环境的不同传播途径来进行分析，可以了解到噪声主要传播位置有：分户楼板、屋顶设备机房楼板、分户隔墙、套内隔墙、电梯井道隔墙、与室外接触的门窗、排水立管等，针对不同的传播位置，分别提出相应技术优化措施。

1.分户楼板

在分户楼板位置上，可以在传统楼、地面做法基础上增加一道5mm厚电子交联聚乙烯减振垫板，铺设垫板之前应保证混凝土楼板基面平整，如楼板不平则需用水泥砂浆找平；铺设减振垫板的连接处，垫板应整齐，如边角不齐则需剪切齐，接缝处上面再用胶带纸封严，防止上层混凝土垫层施工时，水泥浆渗入减振垫板下面，形成传声桥。四周与墙交界处用同样减振垫板将上层混凝土层及面层与墙体隔开，以保持良好的隔声效果，此竖向垫板高度为混凝土垫层加面层厚度。屋顶设备机房内的设备基础不应布置在住户卧室顶板上，当不得已布置在起居室、餐厅等上空时需采用隔声楼面做法，在楼板上方先用砂浆找平，然后加设一层50mm厚挤塑聚苯板减振垫板，最后再做面层处理（图4.2-2）。

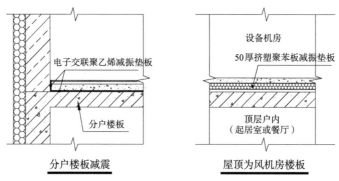

图4.2-2　楼板隔声降噪

2.分户隔墙

在分户隔墙位置上，采用电气点位错位布置原则（图4.2-3），严禁采用对位设置，避免因墙体被贯穿或过薄造成噪声传递现象；在紧邻卧室的厨房、卫生间隔墙位置上，好多项目为了节约成本，通常采用100mm厚的后砌墙体，造成隔声效果不好，应选择150mm或200mm厚规格的后砌隔墙来改善隔声效果；当电梯井道紧邻套内户型时（餐厅、衣帽间等），一种办法是可以在电梯井道隔墙靠户内一侧采用隔声内墙面做法，木龙骨内填岩棉，外表面采用双层纸面石膏吸声板；另一种办法是在电梯井道内侧喷涂超细无机纤维。

3.门窗

为了尽量避免室外环境噪声对室内造成不利影响，与室外接触的门窗在采购时应选取隔声性能良好的门窗，门窗的隔声量宜≥35dB；与此同时应处理好内外墙穿墙管与穿墙孔洞之间的缝隙密封工作。排水立管方面，住宅厨房、卫生间、阳台下水管宜采用螺旋消声管，此类水管排水能力强、消声效果好。

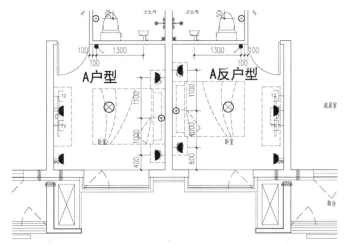

图 4.2-3　分户墙电气点位错位布置

4.隔墙砌筑

隔墙施工砌筑方面，填充后砌墙的材料在满足设计强度要求的前提下，还应选用隔声效果较好的填充砌块墙，比如加气混凝土砌块及其他空心砌块等。填充砌块墙应严格按规范砌筑，严格保证砂浆的饱满度，水平灰缝饱满度≥90%，竖向灰缝饱满度≥80%。填充墙砌筑接近梁、板底的部位，预留一定的空隙，一般175mm左右为宜，待下部砌体沉降稳定后方可补砌，与下部砌筑完成应间隔8天以上，斜砌并挤紧，倾斜角度在55°左右。建筑外墙上任何施工洞口均要用水泥砂浆填充处理，防止出现中空；建筑外墙砌块填充的部分，应保证其厚度不得低于200mm，密度不低于600kg/m³，且两侧分别不低于20mm抹灰；窗户的安装必须与外墙密封处理，尽可能减小窗框与外墙之间缝隙，窗框与外墙之间应采用聚氨酯发泡等填充材料填满充实，其外表面应采用耐候密封胶密封，密封胶施工应连续、均匀。

4.2.3 建筑防潮措施

湿度指的是空气的潮湿程度，它表示空气中含水汽的饱和程度；潮与湿是两个不同的概念，潮是相对的，比如在一定的室外环境下，空气中含水率达到饱和状态，此时建筑则处于潮气中，而潮气则会在自身蒸气的情况下，透过建筑表面进入到建筑材料内部去；湿是绝对的，因为建筑材料的吸潮性能具有一定的上限值，所以在吸收潮气达到饱和后，建筑材料的内、外仍然存在压力差时，空气中的水汽随着继续蒸气会附着在建筑材料的外表面，以平衡缓解水蒸气压力差，这种现象表现为湿。居住环境潮湿不仅对建筑本身的美观、材料性能、安全性能造成一定影响，还会对结核病、肾病、冠心病、慢性腰腿痛等疾病患者的身心健康造成不良影响。

根据建筑受潮的不同原因，将受潮分为两大类，一类是冷凝受潮，另一类是材料吸湿受潮。冷凝受潮指的是随着空气温度降低，水蒸气凝结致使围护结构的受潮；材料吸湿受潮指的是材料从空气中逐步吸收水蒸气而受潮，这种现象称之为材料的吸湿。针对返潮的不同原因，推荐采用"主动防潮"与"被动防潮"两种方法，简单理解为"防"与"治"两方面，整体来说主动优于被动，以主动防潮为主，以被动防潮为辅。

1.主动防潮

主动防潮的做法首先要提高室内地坪标高，根据场地的工程地质与水文地质资料，计算出毛细水可能上升的高度，提高室内地坪标高，使毛细水的上升高度达不到室内地面，毛细水上升带的顶面至室内地坪不小于500mm。其次设置阻水层，阻止毛细水上升到地面，采用聚乙烯薄膜防潮处理的地面可消除返潮，聚乙烯薄膜在混凝土与水泥浆的保护下不易破坏和老化，且施工方法简单，造价低，材料来源充足，防潮效果好，可在住宅底层使用。再次设置防潮层，防潮层的做法是在地面夯实后，做150mm厚的碎石灌浆层，用20mm厚1:3水泥砂浆找平，铺聚乙烯薄膜2遍，注意在找平层未硬时铺放，切记不要弄破薄膜，铺完后浇筑35mm厚C10细石混凝土，用铁抹子轻拍出浆为止，随拍打随抹，最后抹5mm厚1:2水泥砂浆面层。最后需要做好围护结构的保温能力，并注意防止冷桥的措施与节点的处理。

2.被动防潮

被动防潮的处理上，分为地面防潮与墙身防潮两部分。对于地面防潮，第一，要控制地面温度不要过低，室内空气湿度不能过大，避免湿空气与地面发生接触；第二，处理地表时要采用带有微孔的面层材料；第三，室内地表面的材料宜采用蓄热系数小的材料，减少地表温度与空气温度的差值；第四，如果室内空气湿度过大，可以考虑利用自然通风与机械通风的方式来进行除湿。墙身防潮方面（内外墙脚铺设连续的水平防潮层，用来防止土壤中的无压水渗入墙体），防潮层的设置位置一般应在室内地面不透水垫层（如混凝土）范围以内，通常在-0.060m标高处设置，而且要至少高于室外地坪150mm，以防雨水溅湿墙身；

当地面垫层为透水材料时（如碎石、炉渣等），水平防潮层的位置应平齐或高于室内地面60mm。防潮层的做法大致有三种，一种是油毡防潮层，在防潮层部位先抹20mm厚的水泥砂浆找平层，然后干铺油毡一层，油毡防潮层具有一定的韧性、延伸性和良好的防潮性能；另一种是防水砂浆防潮层，在防潮层位置抹一层20mm或30mm厚1:2水泥砂浆掺5%的防水剂配制成的防水砂浆，用防水砂浆做防潮层适用于抗震地区、独立砖柱和振动较大的砖砌体中，当砂浆开裂或不饱满时会影响防潮效果；最后一种是细石混凝土防潮层，在防潮层位置铺设60mm厚C20细石混凝土，内配3@6钢筋以抗裂。由于混凝土密实性好，有一定的防水性能，并与砌体结合紧密，故适用于整体刚度要求较高的建筑中。

4.2.4 地下空间除湿防滑措施

地下空间的潮湿主要是地气渗透、跟地面存在温差以及通风差等原因造成的，特别是在梅雨季节，雨水多、气温高、湿度大，温度较高的潮湿空气遇到温度较低而又光滑不吸水的地面时，易在地面产生凝结水，地下车库就会出现严重的返潮；地下车库潮湿的危害很大，会导致车辆受潮，底盘受损，电路短路，车饰发霉，还会导致地下车库的管道氧化，墙皮发霉脱落，影响地下车库的美观。中国南方地区到了六七月的梅雨季，不少小区经常会出现业主跟物业因为地下车库潮湿而产生纠纷的问题，原因就是潮湿带来的不利影响，比如因地面湿滑摔跤、车辆打滑等。

为缓解地下空间潮湿情况，可采取一些除湿措施。在严寒或寒冷地区可以利用建筑的热压作用，设置专门的通风竖井，增加自然通风井面积及数量，为自然通风创造条件。考虑景观效果及小区品质，设计数量过多的自然通风竖井无法实现，可将自然通风与机械通风及除湿机有效结合起来，实现良好的通风换气，自然通风竖井应结合园林景观设计在绿化带内（图4.2-4）。

地下车库采用机械通风时通风管路应尽量均匀布置，形成良好的通风气流组织，尽量避免形成送排风死角。增加送、排风风量，换气次数建议大于等于6次/h。在局部送排风死角增加除湿机以达到除湿效果。

图4.2-4 采光通风竖井

4.3 健康住宅建筑外表皮

4.3.1 建筑外表皮的概念

　　建筑外表皮，是建筑内部空间与外部环境产生相互关系的直接界面，由建筑外立面材质及其结构体系共同构成的外在表现形式。一般意义上来讲，建筑外表皮是指除屋顶外建筑的所有外围护部分，包括外墙、门窗、阳台、入口等，考虑屋顶不仅具有作为围护结构的基本作用，也会作为"第五立面"构成建筑外立面表现形式，本书也将其作为建筑外表皮的组成部分。

　　建筑外表皮就像是建筑的"外衣"，它不仅影响着建筑的使用性能，同时也决定了建筑的气质。就像人们穿衣服一样，既要求舒适也要求美观，建筑外表皮既要满足建筑的功能需求，也要满足其美观的需求。

1.建筑外表皮的功能性

　　从功能上来讲，建筑外表皮作为外围护结构首先要承担隔离、围合与开启的功能，以能够阻挡外部环境的高温、寒冷、强光照射甚至自然灾害；隔离噪声和空气污染以及保持室内外视线和空气互通，来满足人们对建筑在安全方面的基本需求。在安全需求之外，享受温暖的阳光和清新的空气也是人们的生活所需，让人放松身心的露台和绿色环保的生态阳台，利于沟通和交流的首层灰空间建筑外表皮有些时候也会成为建筑室内空间的延续和扩展。随着新材料和新技术的发展以及不同人群对建筑空间功能愈加丰富的功能需求，建筑外表皮通过综合多种性能的交互式集成技术系统，来平衡风、光、热的进程机制，在能量获取、转化和释放的过程中扮演着更为积极和主动的角色（图4.3-1），从而使建筑拥有动态适应外部环境变化的能力，来满足人们对健康的追求。就像人在不同的天气情况下穿不同的衣服来获得舒适感一样，可以通过系统地对外表皮的建筑选材、开窗类型、阳台形式、入口空间、立面装置及屋面形式等进行合理设计，以使建筑空间具有良好的视觉感受、舒适的空间体验、清新的空气质量、宜人的温热环境、良好的光线效果，以及安静的生活氛围等等更加健康的居住环境。

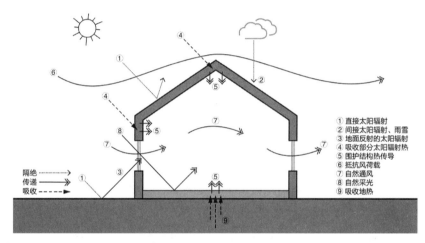

① 直接太阳辐射
② 间接太阳辐射、雨雪
③ 地面反射的太阳辐射
④ 吸收部分太阳辐射热
⑤ 围护结构热传导
⑥ 抵抗风荷载
⑦ 自然通风
⑧ 自然采光
⑨ 吸收地热

隔绝 ┈┈→
传递 ──→
吸收 --→

图4.3-1 建筑表皮与自然环境间物质与能量的选择性交换

2.建筑外表皮的表现性

从形态上来讲，建筑外表皮通过其材料的质感、肌理和色彩以及外立面线条和结构轮廓来表达建筑自身的设计的理念、情感空间及其独特风格。例如健康住区中的养老设施、配套用房、幼儿园以及居住建筑都有不同的外立面造型和风格特色，赋予人们不同的视觉和心理体验，来满足各类人群对不同建筑功能的认同感及可识别性。其次，每一座建筑单体作为城市群体中的一员，建筑外表皮的风格，例如共建化立面、科技感立面、多媒体外表皮、新中式立面、地域性特色立面等风格也像一张张建筑的名片，不仅传递出建筑的文化特性，也构成了丰富的城市空间。再有，对于住区环境来讲，丰富的立面造型和材料色彩，绿色生态的阳台以及具有标识性的入口空间又与住区的自然景观互相融合，形成了住区的整体景观风貌。健康是一个多维概念，它不仅包括温度、湿度、噪声、阳光和空气质量等物理量值，还包括私密保护、视野景观、感官色彩、材料选择等主观性心理因素值。健康住宅应当将住区建设的物质环境和非物质环境相结合，关注居住者的内心感受，尤其是人际关系、安全感和归属感。

4.3.2 建筑外表皮对建筑的影响

基于建筑外表皮的功能特性和表现形式，建筑外表皮在一定程度上对建筑的舒适度、安全性、独特性都产生着相当重要的影响。

1.建筑外表皮对建筑的舒适度和安全性的影响

建筑外表皮对建筑的舒适度和安全性的影响是指建筑的室内光环境、空气环境、热温环境和声环境是否健康。建筑室内环境和外部环境影响健康的因素有很多，其中，环境危险因素包括空气、日照、温度、植被、空间布局、建筑材料、建筑设备等。《健康住宅评价标准》T/CECS 462—2017中，对建筑的光照、遮阳、视觉保护、通风、保温隔热、降低噪声等方面也都提出了相应的标准要求。由于建筑外表皮作为室内外环境的交互界面，其设计是否合理，直接决定使用者的健康安全，健康住宅的外表皮应该利用其围护性能机理的整体规律和主要作用路径来营造居住建筑的健康环境（图4.3-2）。

1）建筑外表皮对建筑光环境的影响

建筑外表皮对光环境的影响主要表现在天然采光、日照、遮阳、避免眩光以及视觉保护等几个方面。

在日常生活中，充足的阳光是维持生命健康和活力的必要因素。光照对于促进人体新陈代谢，保障各种营养元素的吸收具有重要作用。良好的视野有助于改善人的情绪、提高人们思维的敏捷性、保持健康活力。

研究表明健康的建筑采光应保证至少55%的区域在全年50%以上的视觉使用时间达到300lx的室内天然光照度。各个年龄段人群视觉生理特征、生活行为习惯与人居健康目标也都不相同。婴幼儿健康与睡眠需通过光照来维护，其视觉系统尚未发育完全，需要避免强光照射；青少年居室光健康更强调健康发育和快乐学习；对于成年人而言，需要考虑在特殊原因下居家办公时照明水平、眩光和亮度分布对工作效率的影响，同时需要有舒适的睡眠光环境，以保持每日精力充沛的工作状态；老年人因为身体机能的退化和较少接受足够的日光刺激，

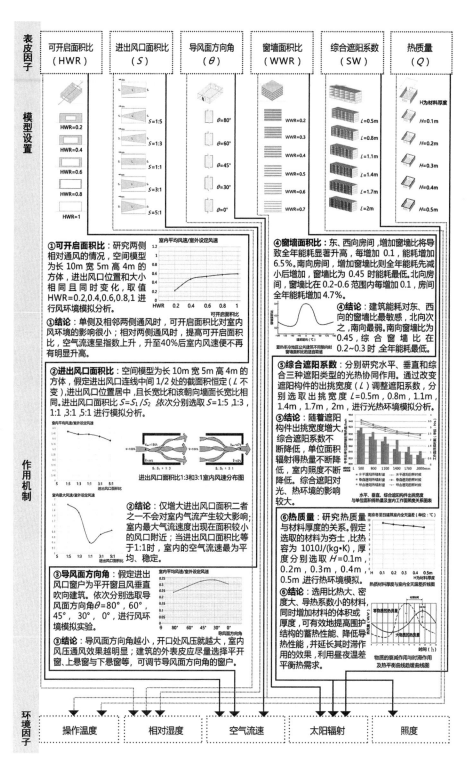

图 4.3-2　建筑围护性能机理的整体规律和主要作用路径

主要考虑节律问题。

　　健康住宅光环境应面向全龄，包容多种特殊性需求。所以，在外表皮设计时需要采取有效措施来实现居住建筑的健康光环境。可以采取的方法有：①通过模拟计算，合理设计不同功能居室的窗墙比例、开窗方式、阳台类型来控制室内的光照面积、采光方式、日间照度，使人更好地感知自然、调整节律；②利用可反射光线的室外遮阳设施、可折射直射光的遮阳软片或反射玻璃等，避免造成过多的眩光和得热量；③在建筑选材上可以选择经过工艺处理的外窗玻璃来有效避免紫外线、红外线等影响，同时适当起到一定的热量阻隔作用。此外，健康住区外表皮设计还应该考虑自身或周边建筑设置的玻璃幕墙产生反射光造成的光污染，而不宜采用大面积的玻璃幕墙。

　　（1）增加采光量

　　澳大利亚的两位物理学家设计了一种充分发挥日光功能的系统，能把日光从窗户导向顶棚，使房间得到比平常多数倍的自然光。该系统依靠的是光线的折射和反射作用。最基本的做法是在丙烯酸塑料板上用激光切出一连串的横缝，太阳光照射到横缝的边就会改变方向。光线的途径决定于光线射向塑料板的角度，以及缝与缝之间的距离，把这些因素适当调整，从窗户进来的光线就大部分折射向上，掠过顶棚，从而达到充分利用日光的效果（图4.3-3）。

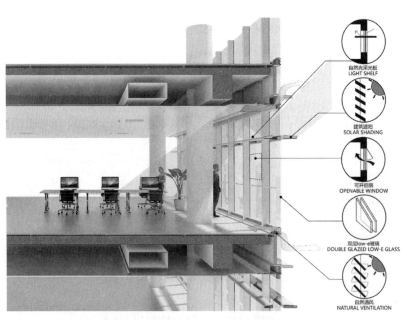

图4.3-3　充分发挥日光效率的日光导向系统

（2）立面遮阳

大部分被动式节能设计策略中，通过表皮对自然光适当的遮挡是最有效的方式，主要分为内遮阳与外遮阳的方式。如果是玻璃幕墙的建筑，可以通过内遮阳与外遮阳的各种方式来调节"透明度"，使其在透明、半透明及不透明之间的组合变化中实现能耗的最小化（图4.3-4）。

图4.3-4　立面遮阳示意图

2）建筑外表皮对建筑空气环境的影响

建筑外表皮对建筑空气环境的影响主要是降低污染和控制通风两方面。

在建筑的施工及使用过程中，都会产生一定量的有害气体，而有害气体的含量超标会对人的健康带来不同程度的损伤。在健康住宅建设中，空气清新作为影响居住环境品质的重要指标。为达到这一目标，健康住宅要从设计前期的室内空气质量模拟预测、建设中期室内污染源控制、建成环境的通风换气措施和室内空气质量监测等方面进行全方位管控。

建筑外表皮采用绿色环保的建筑材料，以减少施工和使用过程中有害气体的释放；同时通过优化外窗的位置与开启形式设计来控制通风量，保障有害气体快速向室外流通扩散，使建筑室内空间能保持良好的空气质量。

（1）开窗位置与房门成对角线时的室内平均风速比开窗位置靠近房门时的室内平均风速快（图4.3-5、图4.3-6）。

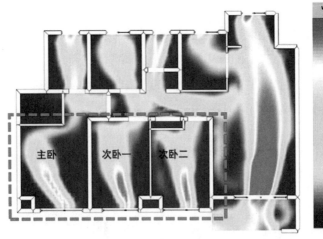

图4.3-5　开窗位置靠近房门时的室内平均风速

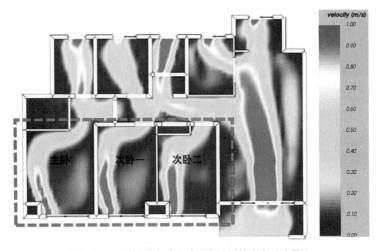

图4.3-6　开窗位置与房门成对角线时的室内平均风速

（2）当两种开启方式的可开启扇面积一样时，平开窗比推拉窗的通风效果好（图4.3-7、图4.3-8）。

3）建筑外表皮对建筑热温环境的影响

建筑外表皮对建筑热温环境的影响主要体现在保温、隔热和通风等方面。

决定建筑室内热环境舒适性虽然与人体代谢率、室内设备、着衣量等因素有关，但最主要的因素是温度、相对湿度、气流速度、平均辐射温度等。温度过高或过低都会带来身体不适：温度过低使人全身发冷引起疲惫和倦怠感；酷热的室内环境对睡眠、身体代谢等产生不良影响。室内长时间处于低湿度条件下，易导致口鼻、咽喉等器官黏膜系统干燥，居住者更易感染病毒、易患感冒和呼吸系

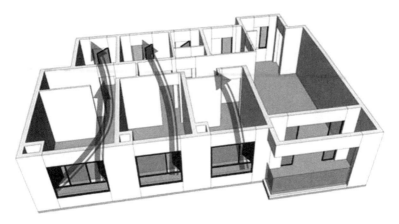

图4.3-7 南向卧室采用平开窗

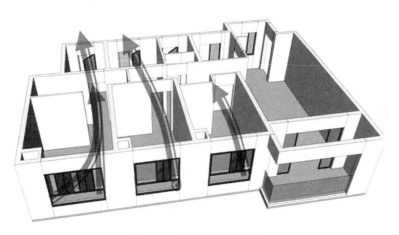

图4.3-8 南向卧室采用推拉窗

统疾病。室内湿度较大，易出现螨虫、发霉等问题，引发过敏性疾病。

（1）建筑外表皮通过选择热工性能良好的外围护材料和结构来提高住宅的热舒适水平。可以选择保温性能良好的建筑外墙材料，以陶板为例（图4.3-9），陶板是以天然陶土为主要原料，添加少量石英、浮石、长石及色料等其他成分，用流动态的陶土浆通过模具挤压所形成板材，具有质量轻、不变形、阻燃，以及耐酸碱和霜冻等优势。陶板的中空结构和搭接开放性安装，能有效地隔热降噪。陶板色泽莹润温婉，有亲和力，耐久性好。它的颜色非常丰富，能够满足不同风格建筑外墙颜色的选择要求。

（2）外窗可以选择具有节能环保、保温隔热、光学性能优越、热性能优越、防尘且美观等优点的Low-E玻璃（图4.3-10），夏季可以阻止室外地面、建筑物发出的热辐射进入室内，冬季可以反射热量，保证室内热量不流失。或者采用热

图 4.3-9　陶板材质效果示意图

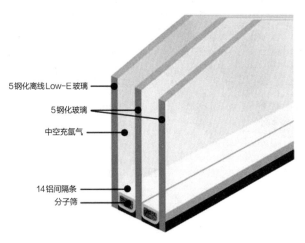

5钢化离线Low-E玻璃

5钢化玻璃

中空充氩气

14铝间隔条

分子筛

图 4.3-10　Low-E 玻璃示意图

阻高，防结露结霜性能更好的真空玻璃。

（3）同时，可进一步结合窗、阳台和屋顶的通风设计，以及植入绿化的方式，从而使建筑室内空气干净而不干燥，保持"恒温""恒湿"的室内环境。例如生态阳台，不仅有效地防止了太阳直射带来的高温，同时还能隔风防尘，带来清新空气，增加室内湿度。随着屋面种植技术的提高，现代建筑中的屋顶花园不但具有降温隔热的效果，而且能美化环境、调节情绪，还能作为第五立面丰富城市的俯瞰景观，提升城市绿化品质。沿墙面栽种植物遮阳的方法作为建筑表皮的更新技术，为建筑表皮提供了以最少能耗实现最佳热舒适性的可能。

4）建筑外表皮对建筑声环境的影响

建筑外表皮对建筑声环境的影响主要是隔声和降噪两方面。

研究结果表明噪声污染会对居民的睡眠、情绪、工作或学习效率产生较大影响，还会在一定程度上让人感受到身体的不适。安静舒适的居住环境才能提升睡眠品质和工作状态。室外环境噪声、室内设备振动，以及建筑围护结构的隔声性能是影响建筑室内声环境的主要因素。要创造良好的室内声环境，建筑隔声设计至关重要，这就要求外表皮设计应选择高性能外墙材料和门窗，来有效地阻挡室外的环境噪声以及降低相邻建筑空间对室内的噪声影响。例如三玻两腔中空玻璃窗户通过良好的气密性以及细节的精心处理，有效地阻断外部噪声。

2.建筑外表皮对建筑独特性的影响

通过对外立面材料选择和造型来展现建筑的独特性，给居住者带来良好的认同感和归属感。

1）良好的认同感

心理的健康能促进身体的健康，而美的事物总是令人愉悦的。健康住宅对于美的追求最直观的表达就是其外表所展现出来的独特的建筑气质。建筑外表皮通过采用不同质感和色彩的材料给人带来丰富的视觉感受，如石的质朴、砖的厚重、木的温暖、玻璃的清新、铝板的高雅等（图4.3-11）；同时，窗的造型及立面线条带来的虚实变化，笔直或丰富灵动的线条带给人的是简洁大气、端庄稳重、柔美灵动的感受（图4.3-12）。

图4.3-11 表皮材料+流线示意图

框	线	弧
精练框感　形体穿插 统驭力强　化繁为简	极致线条　简洁轻逸 方向感强　致臻细节	雅致弧线　韵律感强 时尚摩登　完整度高

图 4.3-12　立面线条示意图

2）舒适的归属感

北宋文人苏东坡说"此心安处是吾乡"，舒适的空间体验总能让人内心更加安定。心安，则身安。

入口可以说是建筑外表皮最亮眼的展现，在保持建筑整体风格的基础上而产生变化以突出其标志性作用，使人从健康的室外环境舒适自然地进入室内空间，营造出家的归属感（图4.3-13）。

图 4.3-13　标志性入口示意图

阳台和外窗设计不仅能满足自然通风和天然采光的功能，还具有从视觉上沟通内外的作用，良好的视野能将住区的景观和城市的风景一览无余，能使人开阔心胸、改善情绪，提高人们思维的敏捷性，保持健康活力（图4.3-14）。

图4.3-14 阳台和外窗示意图

4.3.3 新材料，新技术对建筑外观的影响

随着新材料、新技术的发展，建筑的外观逐渐呈现出用材多元化、科技环保化和风格多样化的趋势。美观的住宅就像是一件艺术品，风格的简约、造型的概念化、材料的升级、科技的融入，使住宅建筑给人带来更多健康的体验。

1. 用材多元化

如今，建筑外观对材料的选择越来越多元化，不仅有涂料、人造饰面石材、百叶等性价比较高的材质，也有材质感最强、色泽鲜明、纹理丰富的天然石材，而基于住宅对形象美观、室内空气质量、温热环境、隔声降噪及绿色节能等方面的要求考虑，新型建材也得到了广泛的使用，例如半透明的玻璃材料、半透光的金属穿孔板、金属网、织物、高性能清水混凝土、透光混凝土等。

例如杭州天目里项目建筑外立面采用清水混凝土搭配阳极氧化工艺铝板和超白玻璃幕墙。虽然是大面积的清水混凝土，但是在铝板和玻璃幕墙的中和下，建筑整体充满了轻盈感，通透而开阔。建筑的外表皮设计看似"极简"，却是从内到外处处精细化落地，简洁而不简单（图4.3-15）。

图4.3-15　杭州天目里项目立面效果

2.生态科技化

目前，全球的前沿建筑外立面都在向环保、节能的趋势发展。

1）绿植外立面

绿色是健康的代表色，而将绿植作为外立面更能突出住宅建筑对"绿色"的坚持。绿植外立面是指建筑外表皮中的生态阳台。良好的绿化休憩空间已成为人们对住宅功能更高层次的需求，随着时代的发展，生态化种植技术以及建造技术也越来越成熟。绿植外立面是建筑能更好地与外界气候进行交互的外表皮构件。栽种适宜的植物，可利用其繁茂的枝叶来满足遮阳，冬季的落叶植物又不影响阳光进入室内。植物的混合种植与昆虫、鸟类共同构成了具有生物多样性的微型生态系统。绿植覆盖的生态表皮使建筑具有改善空气质量、调节空气温湿度、降低环境噪声等多种生态环境性能，不仅如此，还能结合园艺和生态学技术，创造赏心悦目、生机勃勃的群落生境。建筑立体绿化的方式主要有栽种式、装配式与攀缘式。栽种式绿植需占用一定的建筑空间，而装配式和攀缘式对建筑空间与结构的要求较低（图4.3-16）。

2）参数化立面

阳光之于建筑，如同能量之于生命。在所有阳光的馈赠中，光和热是最本质，有时却又矛盾的元素。在地球很多地方，需要在太阳的光亮和过多的辐射热之间寻求平衡。遮阳是有效平衡光热的最基本的方式之一，基于环境舒适度和降低能耗的目标，住宅采用参数化设计，利用围护结构遮阳系统，选择性获取日光带来的光和热，并取得舒适度与能量平衡已越来越适用。

图4.3-16　绿植外立面示意图

例如：迷彩住宅位于新加坡东海岸一条绿树成荫的住宅区街道。设计师采用了绿色设计的策略，在适当位置安插绿植元素，保证住户的视觉私密性，同时也让居住环境更舒适，提升生活空间的品质。双层外立面灵感源于植物枝叶，可以与周围环境融为一体（图4.3-17）。

图4.3-17　迷彩住宅

立面有一层带孔的铝制表皮，表皮细节通过参数化，计算出不同时间和气候因素对住宅的影响。不同的圆孔大小有不同的穿透效果，圆孔挡片有特定的角度，可以遮挡清早和傍晚的阳光。设计使热量吸收和空调使用需求最小化，交叉通风可以有效为住宅降温（图4.3-18）。

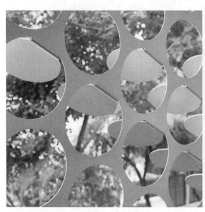

图4.3-18　迷彩住宅

3.风格多样化

新材料、新技术的应用，使住宅建筑的立面有了更丰富的效果表达。例如极具现代感、艺术感的公建化立面；体现传统文化及地方特色的新中式风格；以及去风格化的自由流体等。当我们把建筑看作是城市建筑群中的一个个体时，多样的建筑风格就营造了丰富热烈的城市空间，创造良好的"大"健康环境（图4.3-19）。

图4.3-19　外立面多样化风格示意图

4.3.4 建筑外表皮对双碳的影响

住房和城乡建设部、国家发展和改革委员会等七部门联合印发《绿色建筑创建行动方案》，其中重点任务之一是提高住宅健康性能：结合疫情防控和各地实际，完善实施住宅相关标准，提高建筑室内空气、水质、隔声等健康性能指标，提升建筑视觉和心理舒适性。推动一批住宅健康性能示范项目，强化住宅健康性能设计要求，严格竣工验收管理，推动绿色健康技术应用。

推动能耗"双控"向碳排放总量和强度"双控"转变，完善减污降碳激励约束政策，加快形成绿色生产生活方式。推动建筑行业绿色转型、推动绿色建筑普及是实现经济绿色发展、实现"双碳"目标的必然要求。研究表明建筑外表皮对建筑能耗、环境性能、室内空气质量和用户舒适度有根本影响，一般增大围护结构的费用仅为总投资的3%～6%，而节能却可达20%～40%。

住宅的外表皮可通过一些基本策略来控制碳排放的同时进行产能，以实现"双碳"目标。

1.可变表皮

可变表皮是指可以按照人们对室内气候的调节需要，随时开启与关闭建筑外围可变表皮的遮阳装置，以不同变化形式让建筑适应不同地区的气候温度。例如在太阳辐射强度较高的地区，夏季强烈的阳光照射到室内，虽然室内窗帘可以遮挡直射阳光，但会影响室内的天然采光和视野。因此，结合建筑立面设置外遮阳，能有效阻止太阳光直射，提高住户的舒适感。新颖遮阳装置不仅可以让建筑物更具艺术感，也能带来更好的遮阳效果（图4.3-20）。

2.双表皮

双层幕墙又称呼吸式幕墙，由内外两层立面构造组成，形成一个室内外之间的空气缓冲层。外层可由明框、隐框或点支式幕墙构成。内层可由明框、隐框幕墙，或具有开启扇和检修通道的门窗组成。这种建筑双表皮形成的表皮+空腔有效地适应自然的天气变化，提高幕墙的保温隔热性能。也提高幕墙的隔声性能，改善室内条件，提高人们工作、生活环境的舒适性。在节能、低碳、可持续的大背景下，建筑的双表皮技术越来越多地被应用（图4.3-21）。

3.表皮能源

太阳能是一种无污染的可再生能源，建筑外表皮结合太阳能技术的设计可以

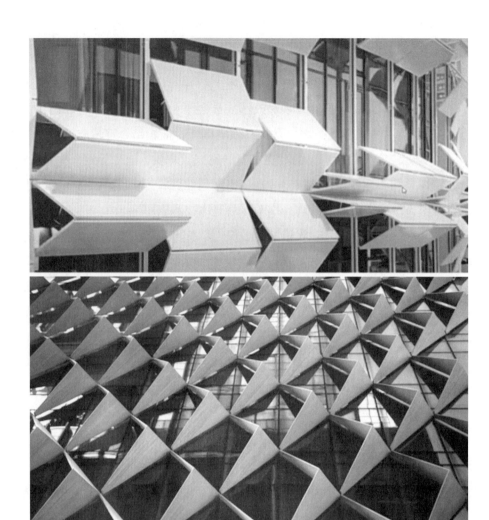

图4.3-20　可变表皮外立面示意图

图4.3-21　伊斯坦布尔 Garanti 银行科技园项目的双层幕墙

减少不可再生能源的消耗，使建筑达到节能、生态、可持续的效果。建筑表皮已由单一的建筑围护功能逐渐向多元化复杂功能发展，科学地满足了对太阳辐射的适当接受、收集与释放。

建筑集成光伏或BIPV这种新型太阳能电池板可直接集成到建筑围护结构中。光滑的面板成为建筑外表皮的设计元素，以及由透明或半透明的光伏玻璃组构成的BIPV幕墙的技术，可以与建筑外表皮浑然一体，不仅能让室内充满阳光，还可以用于发电。

WELIOS–OÖ科学中心是奥地利顶级的科学博物馆，以再生能源的主题设计，这座建筑被设想为一个金属外壳，被里面熙熙攘攘的能量打开。外立面的玻璃包含光伏电池，每年可产生超过15000kW·h的清洁能源。这种网格充当太阳能屏幕，让日光进入馆内，同时保持空间凉爽。金属外壳被"力线"进一步撕裂，五颜六色的光带在立面上蜿蜒曲折。这些灯条包含40000个低压LED，由集成光伏电池供电。LED可以通过编程呈现多种不同的颜色，产生奇妙的灯光表演，将建筑本身变成一个生动的艺术品（图4.3-22）。

图4.3-22　WELIOS–OÖ科学中心外立面

米兰世博会德国馆也是表皮能源利用的代表，建筑师将有机光伏（OPV）技术运用到建筑中，半透明的装饰小亭子被纺织薄膜覆盖，薄膜上有秩序地排列着OPV板，与传统的太阳能光伏板相比较，新的有机光膜构件可以满足刚性自由的需求，更好地达到光伏建筑一体化的要求，同时提高了光伏板吸收太阳能量的效率（图4.3-23）。

图4.3-23　米兰世博会德国馆

　　所有的科技只是工具，最终的目标还是健康与舒适。低碳、节能、绿色不仅是建筑领域不变的主题，也是建筑领域蓬勃发展的趋势与方向。因此，通过新材料，新技术的应用，使建筑表皮实现节能控能将会是健康住宅发展研究的新方向。

第 5 章

城市更新背景下住区与 住宅的健康化改造

城市更新的概念最早源自西方，主要聚焦于"二战"后的欧洲重建过程，战后的欧洲国家百废待兴，发展经济的同时改善旧城的需求极其迫切，城市更新的概念开始涌现。中国学者对于城市更新的理论研究兴起于20世纪80年代初期，陈占祥将城市更新的过程表述为"新陈代谢"的过程，更新途径包含新旧两部分内容，一是新区开发，大量城郊农田、园林等用地被建设占用；二是旧城改造，既包括推倒重建，也包括对历史街区的保护和旧建筑的修复。针对住区与住宅的健康化改造始于20世纪90年代，吴良镛先生针对城市快速发展中面临的风险提出"人居环境理论"，并以菊儿胡同41号院作为试点进行旧城整治。菊儿胡同新四合院住宅工程通过有机更新和新四合院创新的保持了原有的街区风貌并且提高了居民的居住环境，探索了一种历史城市中住宅建设集资和规划的新途径，赢得国内外的众多荣誉和认可，是一次成功的旧城改造试验。

5.1 城市更新中住区与住宅改造现状

2000年以来，专家学者们开始注重城市更新的健康化改造，体现在健康社区的领域，呈现出多样化特征，如初期以上海为引领促进的社区健康性运动的组织，主要针对老人和退休人群，如社区健身组织打出的"每天走进健身场，能把健康带回家！"的亲民口号；之后，社区健康保健服务系统开始被广泛探索，基于社区卫生服务的基础，以健康管理为核心，在一个特定的区域（行政市、县、区）范围内，将社区健康人或病人的医疗卫生保健信息、社区医疗卫生机构的卫生服务信息、政府的卫生管理决策信息等进行及时、正确和全面地收集、储存、处理和通信，使所有用户信息达到共享而形成的一个分层次的计算机网络应用系统，为系统实施范围内的人群进行全程全科的连续健康保健服务。此后，各地纷纷开展社区居民健康档案的建立活动。2008年以后，打造健康城市逐渐成为各个城市的重要发展目标，从完善基础设施、改善环境、进行适老化、儿童友好型改造等各个角度在全国层面展开。习近平总书记在党的十九大报告中明确指出：

"实施健康中国战略要完善国民健康政策，为人民群众提供全方位全周期健康服务。"这是新时代健康城市建设的纲领，符合人民群众对健康公平的关注和新的发展理念。2016年，国务院颁布了《"健康中国2030"规划纲要》，并提倡社会发展模式以人的健康为根本出发点与落脚点，确定了38个国家卫生城市（区）作为全国健康城市首批试点城市。2017年全国爱卫办颁布了以"健康环境""健康社会""健康服务""健康人群""健康文化"五个一级指标的《全国健康城市评价指标体系》，对38个城市（区）进行健康城市评价工作。

5.1.1 老旧小区改造的现状问题

1.我国老旧小区的界定

2017年6月，《中共中央 国务院关于加强和完善城乡社区治理的意见》，提出要积极探索无物业管理的老旧小区有效治理的意见；2017年12月1日，时任住房和城乡建设部部长王蒙徽在厦门召开的老旧小区改造试点工作座谈会上，提出推进老旧小区改造不但有利于居民居住条件和生活品质的改善，而且有利于基层社会治理创新。住建部对老旧小区的界定是"房屋年久失修、配套设施缺损、环境脏乱差的住宅区"。2020年7月20日，国务院办公厅印发《国务院办公厅关于全面推进城镇老旧小区改造工作的指导意见》（国办发〔2020〕23号），要求按照党中央、国务院决策部署，全面推进城镇老旧小区改造工作，满足人民群众美好生活需要，推动惠民生扩内需，推进城市更新和开发建设方式转型，促进经济高质量发展。2021年，全国新开工改造城镇老旧小区5.3万个。其中，开工进展较快的地区：上海（110.0%）、安徽（106.4%）、山东（103.8%）、河南（102.0%）、河北（100.0%）、江苏（100.0%）；开工进展较慢的地区：湖南（62.5%）、山西（59.4%）、西藏（25.0%）。

随着城市化进程的加快，配套设施不齐、违章搭建严重、停车位不足等问题日益凸显，直接影响居民生活的质量、和谐社区的构建和美好城市的建设。街老、院老、房老、设施老、生活环境差是老旧小区常见的"四老一差"困局，不仅成为小区居民的一桩"心事"，也是现代化城市及社区治理的一大"心病"。老旧小区改造是一项长期的系统工程，需要系统谋划和稳步推进。进入新发展阶段，在以人民为中心的城市更新理念指引下，老旧小区被赋予了包含健康、幸福、文化、美丽、生态等复合功能要求，因此老旧小区改造工作既要扎实做好前期科学规划，又要探索一条能够协调各方要求的改造模式。

2.老旧小区现状问题

我国老旧小区数量较多，涉及居民超过四千万户。大部分城镇老旧小区建成年代在20世纪50至90年代之间，以20世纪70至90年代建筑为主，位于城市或老城区的中心位置。大多数是砖混结构，多层或一层为主，建设标准偏低，各种基础设施配套老化、破损严重，相应的公共服务设施缺失，小区公共空间严重缺失。按照老旧小区的构成要素，其主要问题包括软件和硬件两方面问题。一方面，硬件系统包括物理建筑、住区环境、小区设施、流通组织等方面；另一方面，软件系统包括精神层面的文化、社交、安全、健康、幸福、活力等方面的感知。

1）关于硬件系统性问题

首先是住区建筑本身的问题，主要包括建筑结构、外墙保温、管道系统、出入口、楼道、屋顶和门窗等要素。如对居民日常出行造成影响的楼道问题，既有多层房屋电梯加建需求，也有楼道翻新需求；住区照明问题，包含设施陈旧老化、照明设备不节能、线路不合理等问题；对于旧楼房管道问题，则主要集中在电力、宽带、燃气等管线的改造和处理，存在安全隐患问题的线路应进行及时更换处理；对于旧楼房的楼栋门及对讲系统、老旧小区的防盗门系统亟待升级修缮；老旧小区楼顶存在问题也较多，主要包括违章搭建、保温、防水、屋面水箱、太阳能热水器老化等问题，按照有些城市的风貌要求，还需对沿街老旧建筑的楼顶进行外形改造；老旧小区立面面临提升设计，包括立面风格、材质以及色彩等多方面内容；按照绿色环保的目标要求，老旧小区中的结构、设备、门窗以及系统等急需进行节能化处理；此外，还包括老旧建筑鉴定、结构面临加固，以及住宅加装电梯结构设计、地基处理、楼板裂缝等结构性问题。

2）关于软件系统性问题

从居民感知视角发现老旧小区的问题，马斯洛需求等级把人类需求分为五类，从基本的生理需求到更高的精神需求，感知水平越高，实现居民需求的难度越大。中国科学院城市环境研究所研究人员基于景感生态学和马斯洛需求层次理论框架，构建居民感知的三级评估系统，包括物理感知（第一级）、心理感知（第二级）和文化感知（第三级），实际上我国老旧小区同时存在物理、心理和文化三方面感知。其中，物理感知主要体现在陈旧的设施、老化的结构、破旧的风貌等方面；心理感知主要指对公共活动空间、绿化、健康便利的设施等领域的幸福感知；文化感知则更多地体现在对文化内涵、设施环境、个性特色等更高层面的追求。老旧小区在这三方面感知的问题都十分突出。全面评估居民对社区的多层次感知具有实践和科学价值，有利于更好地指导改善旧区改造。

3. 老旧小区管治现状分析

从管治主体来看，老旧小区的管治模式从物业修补到政府补贴，乃至再造运营，出现管治主体多元化的特征。政府、物业、社会组织等多元主体成为老旧小区环境治理的改造主力，受到治理目标、所需资金和价值红利的影响，老旧小区居民与治理主体之间的互惠关系难以形成，不同治理主体往往处于各司其职的割裂状态，难以形成合力。从治理体系来看，环境治理侧重社区环境具体问题的解决，忽略面向住区居民的需求建设。治理过程中缺乏协商、合作和保障机制，老旧小区的治理很少通过对话和讨论等方式参与社区公共事务治理过程、最终达到共赢，从物权角度来说，老旧小区改造应该征得改造范围内所有业主的同意。老旧小区环境治理涉及生活垃圾分类、可回收物品的处理、废物处理、园林绿化、消防安全、防疫管理等诸多领域问题，需要与环保、防疫、绿化、市政、电力等各个部门建立合作关系，目前，老旧小区缺乏便捷顺畅的合作机制。

老旧小区更新治理的主体趋向多元，是更新复杂性的根源，其中主要包括管理主体、实施主体、产权主体，以及一些咨询机构、规划设计和法律顾问等主体。受建筑折旧周期影响，城市更新与治理具体差异化的时代特征（表5.1-1），从计划经济到市场经济转化时期，老旧小区管治更新的特点、治理主体、治理对象和资金筹措变化较大。

中国各阶段老旧小区更新治理对比　　　　　　　　　　表5.1-1

历史背景	更新特点	治理主体	治理对象	资金筹措
计划经济时期	以危旧房屋修缮为主，局部拆建、改建	单位主导	基于单位空间配置资源	市、区财政资金
计划经济转轨时期	以危棚改造为主，大规模推倒重建	单位内逐渐形成居委会等针对社区独立的组织主导	基于单位住宅区空间配置资源	财政资金为主
市场经济初期		基层政府主导	基于城市社区空间配置资源	转让土地使用权，外加政府资金和政策资金
市场经济成熟时期	以旧居住区更新为主拆建、修补、综合整治	基层政府、单位、社会资本、社区居民、第三方组织等多元参与		市场筹资为主

4. 老旧小区治理政策

2020年7月，国务院办公厅印发《国务院办公厅关于全面推进城镇老旧小区改造工作的指导意见》（国办发〔2020〕23号），强调要大力改造提升城镇老旧小区，改善居民生活条件。将城镇老旧小区改造内容分为基础类、完善类、提升类3类。2021年《北京市老旧小区综合整治工作实施意见》颁布实施。上海市政府于2015年3月1日起施行《上海市旧住房综合改造管理办法》，针对城市规划予以保留、建筑结构较好但建筑标准较低的住房进行全面综合改造并完善配套设施。自2015年6月1日起施行《上海市城市更新实施办法》，指出城市更新主要是指对本市建成区城市空间形态和功能进行可持续改善的建设活动。深圳市2012年1月21日发布实施《深圳市城市更新办法实施细则》。杭州市2006年9月21日起施行《杭州市区危旧房屋改善实施办法（试行）》。从全国范围来看，各地开展老旧小区有机更新工作差异性较大，部分省份甚至还没有开展该类工作，造成老旧小区法律法规体系建立滞后。地方上基本上已探索出适合自身特点的"改造之路"，但由于其立法层次较低，适用地域范围受限，改造效率大大降低。

5.1.2 老旧小区改造的主要特点和难点

全国各地老旧小区改造的特点存在区域的个性和共性特征。个性问题主要在于各地的建筑形态、历史遗存和风俗习惯，例如，江苏老旧小区根据建设年代主要分为3类，第一类是建于1949年前后具有一定保护价值的街坊式住宅，多位于历史城区；第二类是建于1950年至1990年的各类新村、单位大院等住宅；第三类是建于1990年至2000年城镇快速扩张阶段的拆迁安置房等政策类住房及小部分商品房。北京的老旧小区改造按照区位和改造内容大概分为四个阶段：一是位于东西城的历史城区，具有古都文化保护价值，以建筑保护、环境改善为主；二是位于东西城的老旧民居，一层住宅为主，如天坛、大栅栏、东四十条等地区，主要是房屋风貌改善、设施补充和危旧区改造，街区肌理得以保留；三是基于非首都功能疏解地区，主要位于东西城、海淀、丰台和朝阳区，分为整体拆除重构和局部改造两种，主要面向功能翻新；四是基于品质提升的全市老旧小区的整体改造，包括建筑、设施、环境等各类改造提升。2012年《北京市老旧小区综合整治工作实施意见》颁布实施，明确提出对1980年之前建造的住宅实施加固节能综合改造，在三年间，全市共完成了1678个老旧小区的改造，改造涉及面积达6562万 m^2。近年来，北京市老旧小区改造力度仍然不减，改造涉及的内容也逐渐增加，"十三五"期间，北京全市共完成200万 m^2 老旧小区综合改造，老楼加装1843部电梯，补齐停车设施不完善、架空线乱接、小区服务不规范及管理不到位的短板。2021年度，北京市共完成了588个老旧小区改造，不仅对基础设施、房屋抗震加固、房屋保温节能等进行了优化改造，而且在安装电动充电桩、小区居住环境综合整治等方面成效显著，老旧小区的居住条件、环境改善明显。针对改造需求的问题，北京市制定了老旧小区改造年度方案，实施"六治七补三规范"，全面推行"菜单式"改造模式，即将"违法建设""危房改造""群租""地下空间违规使用""开墙打洞"以及"乱搭架空线"六项内容作为"治"的重点。将诸如"抗震节能""居民上下楼设施""市场基础设施""小区治理体系""停车设施""小区信息化应用能力"以及"社区综合服务设施"等作为"补"的重点。进而实现"规范小区自治管理""规范小区地下空间利用"以及"规范小区物业管理"等的目标，采取因区制宜、精准施策，制定老旧小区改造"计划清单"，对单实施菜单式改造，比如毛纺北小区、劲松社区等都是改造成功的案例。正是因为改造目标明确了、内容确定了，老旧小区的改造才能精准实施。

共性问题主要是城市更新的政策要求和改造驱动力。

是重要民生工程。老旧小区改造是造福人民群众、满足人民群众对美好生活需要的重要民生工程，同时也是有效扩大内需，做好"六稳"工作、落实"六保"任务的重要工程。城镇老旧小区改造与民生改善息息相关，绝非城镇表面工程的"涂脂抹粉"，更是兼具城镇硬件全面提升和改善民生的"内外兼修"。老旧小区改造是城市更新行动的重要方面，与人民生活舒适度、幸福感密切相关。推进老旧小区改造，是一项顺民意、得民心的民生工程，对满足人民群众美好生活需要、促进经济社会高质量发展具有十分重要的意义。

改造重点是补短板。当前改造面临的短板较多，如卫生防疫、社区服务、资金筹措、组织协调、运营维护等方面。城镇老旧小区改造资金来源以中央专项资金为主，省级和地方财政有少量配套。对2020年国家下拨资金和改造任务进行分析，以湖南省为例，补助资金不足2万元/户，但完成基础类、完善类、提升类改造的所有内容（不包括电梯）至少需要4万元/户，改造工作面临巨大的资金缺口。大部分基本的综合整治类城镇老旧小区的改造项目基本无收益。城镇老旧小区改造不同于以往的棚改，收益难以保障或盈利空间小，社会资本投资积极性较低。老旧小区居民的构成，不同年龄、家庭结构、经济状况、学历层次的人群聚集，居民自身诉求比较多样化，在资金有限的情况下，制定改造方案时，如何优先改造部分内容，难以达成一致，协调不好会造成工期停滞或重复改造等问题。

必须落实高质量发展要求。我国已进入新发展阶段，其基本特征是由追求高速增长转变为追求高质量发展，对老旧小区的改造也提出了更高的要求。老旧小区的高质量发展突出体现在目标、实现手段、实施效果等多方面，但短期内高质量发展和推进现状更新之间存在着巨大反差。以老旧小区改造为切入点，改善城市人居环境质量，提升城市公共服务水平，解决城市发展不平衡、不充分的问题成为老旧小区落实高质量发展的基本要求。受社区内在冲突、组成要素、空间结构、生态环境和区域发展不平衡等多重因素影响，中国实现老旧小区高质量发展的目标远大，时间紧迫、任务重大、困难重重，考核标准也缺乏量化度量。但与此同时，新时代的城市高素质居民群体和较高的生活质量要求，也为老旧小区高质量发展提供了内部驱动力，结合国家新阶段要求的外部驱动力，推动老旧小区改造中实现多方面的协同效益和高质量发展。为实现老旧小区的高质量发展，需全国统筹，地方政策、市场和技术合力驱动，持续优化老旧小区改造机制和长效保障，提升改造技术，加快终端效能评估，并差别化推动各地区高质量转型，同时强化对高质量发展的金融和财政支持，加快推动老旧小区更新改造的市场化机制，寻求多元化贸易投资合作伙伴。

是基层治理的基础工作。老旧小区改造服务对象包含三个层面：本地居民、周边社区、城区环境，其中本地居民是最核心的服务对象。老旧小区改造发挥社区力量、通过社区带小区的基层管理作用，推动基层治理形成"微更新""微循环"，满足居民"小区改造心愿清单"，提升居民幸福感。依托社区带动老旧小区代表委员会的建设，在居民志愿者、居民代表、小区党员、参与社会实践的学生的共同带动下，推进协商机制、共建共享机制、愿望清单机制的创新发展。

5.1.3 老旧小区改造评估

按照老旧小区的改造程序划分，可分为改前评估、改中监督和改后评价，即全过程评估，才能提升改造成效。

1.改前评估

改前评估包括改造前的问题评估、预算测算和规划方案三部分内容。老旧小区评估的依据包括主观和客观两方面：一方面是对应标准的专业性定量评估，主要为定性评估，包括保障安全、完善提升和综合配套三类，保障安全类包括《建筑抗震设计规范》《建筑设计防火规范》属于底线类标准，在老旧小区改造过程中必须严格遵守；完善提升类包括《无障碍设计规范》《城市停车规划规范》和《城市绿地规划标准》，属于改善提升的基本要求；综合配套类包括《城市居住区规划设计标准》，对新时期老旧小区治理后配置标准提出了具体要求。改前评估对照三类标准，提出差距点，差距程度，为替代方案设计提供依据。另一方面是老旧小区相关利益人（住户、社区、政府）提出的定性类要求，如住户提出的安全、健康方面的要求；社区提出的防疫和应急管理要求；政府提出的低碳、垃圾分类要求，这些要求提供给专业人员进行预算，并提出最终折中方案，与老旧小区相关利益人反复协商确定。

2. 改中监督

当小区改造方案确定后，应进行公示，广泛征集周边居民的建议，对于合法合理的建议应在改造方案中进行微调，并再次公示。为保证改造过程偏差最小，依托公示后内容做好事中居民和部门监督的机制。改中监督为了及时发现问题，纠正偏差，在老旧小区改造实施行政行为的过程中，对其行为的正确性和规范性实施的监督。改中监督包括行政监督和社会监督两部分内容：一是政府或投资方对改造实施单位的改中监督，主要是通过投入资金及预算与改造进程匹配度来核算并实施监督；二是对改造方案执行情况的监督，包括改造进程、改造实施时的监督。改中监督的主体是管理部门和投资部门，实施单位也会有自我监督流程。

3. 改后评价

改后评价是改造完成后进行评价验收的程序，在改造项目实施完成之后进行的实施效果评价。对照最初公示的改造方案进行各项标准的对比评估，包括质量评估和方案匹配度评估，对照改造方案的各项定量标准进行对照评估，对于完成或超出部分评定为通过，对于不足部分一一列出，出具质量评估报告，反馈给管理和实施部门，双方协商整改方案，并征求老旧小区利益相关人的意见，并由监管部门督促施工单位实施补救措施，包括整改、补救、赔偿等多种形式。

5.2 住区与住宅改造健康化探索

近年来，我国各省市相继出台针对既有住区改造的相关政策，政府工作报告中也提出建设"健康中国"的目标，以社区为基础，逐步提升城市健康水平的战略方针。中央提出了推进健康中国的建设，并印发了《"健康中国2030"规划纲要》，要求促进健康产业发展，普及健康生活方式，保障健康服务质量等，从国家到地方，均陆续编制既有建筑或既有住区的改造评价标准，以规范改造过程中技术措施的达标和落实情况。

5.2.1 构建健康化指标体系

1.健康城市评价指标体系

全国爱卫办委托中国健康教育中心、复旦大学、中国社会科学院研究制定了《全国健康城市评价指标体系（2018版）》。该体系共包括5个一级指标、20个二级指标、42个三级指标。一级指标对应"健康环境""健康社会""健康服务""健康人群""健康文化"5个建设领域；二级指标按照因地制宜、可获得性、实用有效，以及相关性原则进行细分。各项指标源自不同部门，体现跨部门并交叉管理的特征（表5.2-1）。

《全国健康城市评价指标体系（2018版）》各级指标　　　　表5.2-1

一级指标	二级指标	三级指标
健康环境	1.空气质量	（1）环境空气质量优良天数占比
		（2）重度及以上污染天数
	2.水质	（3）生活饮用水水质达标率
		（4）集中式饮用水水源地安全保障达标率
	3.垃圾废物处理	（5）生活垃圾无害化处理率
	4.其他相关环境	（6）公共厕所设置密度
		（7）无害化卫生厕所普及率（农村）
		（8）人均公园绿地面积
		（9）病媒生物密度控制水平
		（10）国家卫生县城（乡镇）占比
健康社会	5.社会保障	（11）基本医保住院费用实际报销比
	6.健身活动	（12）城市人均体育场地面积
		（13）每千人拥有社会体育指导员人数比例
	7.职业安全	（14）职业健康检查覆盖率
	8.食品安全	（15）食品抽样检验3批次/千人
	9.文化教育	（16）学生体质监测优良率
	10.养老	（17）每千名老年人口拥有养老床位数

一级指标	二级指标	三级指标
健康社会	11.健康细胞工程	(18)健康社区覆盖率
		(19)健康学校覆盖率
健康服务	12.精神卫生管理	(20)严重精神障碍患者规范管理率
	13.妇幼卫生服务	(21)儿童健康管理率
		(22)孕产妇系统管理率
	14.卫生资源	(23)每万人口全科医生数
		(24)每万人口拥有公共卫生人员数
		(25)每千人口医疗卫生机构床位数
		(26)提供中医药服务的基层医疗卫生机构占比
		(27)卫生健康支出占财政支出的比重
健康人群	15.健康水平	(28)人均预期寿命
		(29)婴儿死亡率
		(30)5岁以下儿童死亡率
		(31)孕产妇死亡率
		(32)城乡居民达到《国民体质测定标准》合格以上的人数比例
	16.传染病	(33)甲乙类传染病发病率
	17.慢性病	(34)重大慢性病过早死亡率
		(35)18—50岁人群高血压患病率
		(36)肿瘤年龄标化发病率变化幅度
健康文化	18.健康素养	(37)居民健康素养水平
	19.健康行为	(38)15岁以上人群吸烟率
		(39)经常参加体育锻炼人口比例
	20.健康氛围	(40)媒体健康科普水平
		(41)注册志愿者比例

2.健康社区指标体系

健康是人类生存的第一位需求，空气、阳光、通风度、温湿度等都是人类生活对居住空间的优先考虑条件。此外，社区公共建筑及公共设施也是居民对社区宜居性的必要需求。布思罗伊德和埃伯利指出，健康社区是这样一个社区，其内部所有组织从非正式的群体到政府都能够很有效地共同工作，从而提高社区内部所有人的生活质量。他认为，健康社区的术语应建立在自治、积极主动性、相互尊重和创造性的冲突解决等价值之上而非像官僚化命令、专家效率、效用最大化规则和维护特殊利益等这些曾经被看作是社区组织基础的狭隘观念。综上,可将健康社区定义为:其内部和外部所有正式的和非正式组织和个体都能协作性地共同工作和生活,从而不仅有效地提高了社区所有个体的身体、心智、精神、道德、自然和社会的健康水平,也提高了社区各种正式和非正式组织以及社区整体的健康水平。

有学者提出健康视角下我国城市宜居社区评估指标体系,该体系共分为空间环境、社区治理、社区安全、社区文化和社区服务五个一级指标和下设细分的20个二级指标(表5.2-2),这个指标体系大多以住区居民感知数据组成,具有现实性、聚焦性和统一性,缺点是缺乏量化标准,只能通过提升住区居民问卷参与率来弥补缺陷。

社区宜居性评价体系 表5.2-2

目标层(A)	要素层(B)	指标层(C)
健康视角的城市宜居社区评价	空间环境	住房满意度
		社区卫生环境
		环境保护宣传
		自然环境状况
		公建设施状况
	社区治理	居民归属感
		居民遵守秩序情况
		各主体服务满意度
	社区安全	治安安全
		消防安全
		疫情防治
		地质灾害防治
		社区生产生活安全
	社区文化	公众参与度
		社区文化营造
		邻里关系状况
	社区服务	教育配套满意度
		商业配套满意度
		道路交通满意度
		医疗卫生配套满意度

由中国城市科学研究会（CSUS）、中国工程建设标准化协会（CECS）、碧桂园共同编订的《健康社区评价标准》公布了七个方面的评价标准。健康社区分别为铜级、银级、金级、铂金级、钻石级，评价指标体系由空气、水、舒适、健身、人文、服务、创新7类指标组成。健康社区的建立需要规划、医学、卫生、建筑、心理、健身、环境、毒理、管理等多学科充分集成才能实现。

3.健康社区营造建议

基于社区环境对居民健康发挥的重要影响，以及不同社区和群体之间存在的健康分异现象，健康社区的营造应当在以下方面予以推进。

首先，优化社区层面的规划设计，引导住区健康生活方式。以北京为例，在控制性详细规划指导下，推进社区改造实施规划，着眼于老旧小区的微环境进行更新实施规划，包含收支平衡、功能置换、建筑修缮、环境重构、设施补差等内容。例如，增加绿化休闲活动区、种植吸尘减碳能力较强的植物，以改善街道附近区域的空气污染问题；增加步行空间、居民社交空间、老年儿童活动空间，在大型社区还应设计骑行空间，引导居民日常健身，步行出行、减少污染物排放。尤其对于环境资源较为匮乏的小型社区，建立社区间共享空间，搭建微创平台，提升社区间互信程度，激活社区空间交流活力，实现邻里间动态、静态环境的共享空间。政府在社区健康环境优化方面应当有所倾斜，以解决不同社区之间的健康资源不均问题。社区既是健康产业链和医疗卫生服务体系的终端，也是对健康具有重要影响的微观环境，因此营造健康社区是推进"健康中国"战略的重要抓手。通过物质环境的优化和社会环境的赋能推进健康社区建设，对弱势社区适度资源倾斜，充分发挥社区的集体效能，有助于缩小社区间健康差距，提升居民健康水平。

其次，关注社区公共服务设施的完善补充，提供常规便捷健康服务。具体包括医疗卫生服务设施、慢行系统和步行道、防疫设施、体育设施、文化娱乐设施，有条件的社区可以进行个性化空间设计，如儿童角、农业观赏区、小花园、老年活动区、文艺社区等空间，突出不同社区的独特性。同时，这些与健康相关的资源还需注意可达性、便捷性和舒适度，从而为提高体育锻炼水平、健康服务水平，促进社会交往、改善健康发挥切实作用。

最后，加强社区社会资本的运作，提升抵御健康风险的能力。由于充分沟通、互信互助、睦邻友好的社区关系有助于提高社区的社会资本，进而对居民的身心健康带来积极影响。因此，培养积极的邻里关系，提高居民的社区参与，搭建体育活动平台，促进各种居民健康自组织的形成，使社区自身能够形成一个持续的互动系统，有助于提升社区的凝聚力和归属感，增加对个体的社会支持。这样既能引导居民健康行为和生活方式的形成，又可以减少居民心理问题的发生。

综上所述，健康社区的环境建设可以归纳为五方面内容（图5.2-1）。

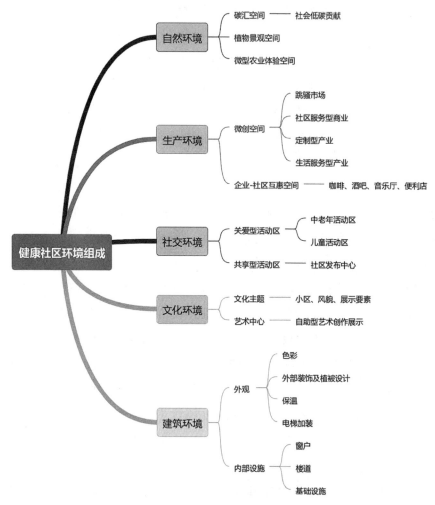

图5.2-1 健康社区环境构成分析图

5.2.2 构建绿色住区

《绿色住区标准》T/CECS-CREA 377—2018是2019年2月1日实施的一项行业标准。绿色住区是以可持续发展为原则，推进城镇人居环境建设的绿色协调发展为方针，通过建设模式创新和技术与管理创新，在规划设计、生产施工、运维管理等全寿命期内，降低能源和资源消耗、减少污染，建设与自然和谐共生的、健康宜居的居住生活环境，实现经济效益、社会效益和环境效益相统一的住区，或称可持续住区。

1. 主要内容

《绿色住区标准》T/CECS-CREA 377—2018分为七大质量体系（场地与生态、能源与资源、城市区域、绿色出行、宜居规划、建筑可持续、管理与生活），其核心是营造以人为本的绿色生活方式。

（1）在场地与生态方面，绿色住区选址应选在城市基础设施较完善的区域，综合利用现有城市配套设施，在城镇新建地区应同步建设配套公共服务设施，绿色住区选址应满足无污染、无灾害的要求，避开洪泛区、塌陷区、地震断裂带及易于滑坡的山体等地质灾害易发区，以及易发生城市次生灾害的区域；远离空气、噪声、电磁辐射、震动和有害化学品等污染。绿色住区选址应避开污染地块，确实无法避开的，应制订治理措施并进行修复或风险管控，经检测验收并在环保主管部门备案后方可开发建设。对于生态与生物多样性的措施，绿色住区场地宜结合原有水体和湿地等自然环境，在其湿地、河岸、水体等区域采取保护或恢复生态的措施，绿色住区建设应保护场地内原有植被树木和地形地貌，山地住区建设应降低对整体生态环境的不良影响，宜采取恢复地形或栽种植物等方式，绿色住区建设用地应构建与自然生物间联系，并应改善或再造生物栖息地。绿色住区开发应遵从城市规划确定的设施布局、道路系统和开发强度，并应高效利用土地、紧凑开发、低冲击开发。

（2）在能源与资源方面，绿色住区建筑节能设计应根据项目所在地气候条件，优先采用被动节能设计技术，优化整合不同技术体系，合理利用不同能源类型，以达到最大限度降低一次性能源消耗的目的。绿色住区内新建建筑及改扩建建筑的节能设计目标应符合或高于国家与当地居住建筑与公共建筑节能设计标准。绿色住区宜在规划阶段同时制订能源规划，应统筹利用各种能源，并应提升可再生能源利用比例。绿色住区宜在规划阶段同时制订水资源规划，应合理利用各种水资源。绿色住区建设应优先选用当地建设材料、再利用材料和可循环使用的材料，减少建筑垃圾。

（3）在城市区域方面，绿色住区建设应立足于城市协同发展，全面提高城市宜居建设水平，并应结合城市区域人居环境治理推动其环境质量提升，优化城市功能空间布局、提高城市空间活力，城市中心地区的住区宜采用城市街区模式。

城市街区模式的绿色住区建设宜采用功能混合的规划设计，并应满足居住者对居住、环境和配套设施等方面的要求，并提供就业机会和多样化的产业发展空间。绿色住区建设应与周围环境相协调，并应注重城市开放空间的建设和利用。绿色住区建设应注重地域文化，与城市整体空间肌理和城市风貌等相协调，并应加强历史文化传承和既有建筑的更新利用。绿色住区建设应注重整体城市设计意象和群体空间形象，规划布局和建筑设计应与周围形成的街区空间相协调。绿色住区应邻近商业、文体、卫生等设施及公园绿地，并应满足综合性与生活便利性要求。绿色住区应具备小学生步行上学的安全保障措施，与小学校的步行距离不宜大于500m，步行上学不宜穿越城市主干路。绿色住区与幼儿、青少年、中老年人服务设施及社区公园的步行距离不宜大于300m。社区与邻里设置应利于城市管理和活力营造，并应满足下列要求：明确私密、半公共空间、公共空间的界限，并强化其识别性；完善系统化的街道空间建设；配套相应的公共服务设施，促进社区建设，提升社区活力。社区与邻里应利于环境提升，营造不同层次的室外空间环境，并应符合下列规定：应设置充满活力的积极空间，并应以步行方式相联系；公共设施和商业设施宜沿街布置，并应保证主要出入口的便捷性；应提升多样化的公共空间环境品质。

（4）在绿色出行方面，绿色住区交通应符合绿色出行和公交优先的要求，做到出行便利、安全以及生活方便，应与城市区域的慢行网络衔接，减少对机动车的依赖；应以便捷的慢行道路为主，提升慢行空间的安全舒适度；应注重慢行系统、绿道与公共服务设施的联通，提高其步行可达性。绿色住区交通应符合城市无障碍建设的要求。绿色住区交通组织应做到步行优先，宜采用人车分行方式，并应限制车速。

（5）在宜居规划方面，绿色住区规划与空间布局应做到结构明确、空间层次与序列清晰。绿地配置均好、位置适当，集中绿地宜相互连接形成生态廊道，并应与分散绿地相结合。景观绿化应选择适宜当地生长的无害化树种，合理搭配乔、灌、草及花卉，做到植物种类丰富。绿地或室外活动场地应设置照明设施。绿地应符合海绵城市技术要求，其活动场地应采取渗透措施，并应铺砌15%～25%的硬质透水砖。绿色住区环境质量应符合下列规定：室外噪声控制应符合现行国家标准《声环境质量标准》GB 3096的有关规定；室外场地应满足日照与遮阴要求，降低热岛效应，并应优化室外风环境，其集中公共活动场地、儿童活动场地和全龄运动场地等宜结合微风通廊进行规划。绿色住区院落空间应具有归属感和领域感，并应有利于邻里交往。绿色住区道路交通规划应符合下列规定：出入口应设置合理；道路系统应构架清晰、组织顺畅；应满足消防、救护和防灾、减灾、避灾等安全要求；机动车、自行车和残疾人车位布置应方便合理与数量充足。绿色住区规划应适应智慧住区发展要求，提高生活服务水平，并配置信息网络、安全防范与设备管理等智能化系统。绿色住区的市政公用设施应配套齐全，室外环境质量应满足安全性、宜居性、便利性和健康性等要求，群体建筑形象应与城市天际线相协调，建筑造型应美观。

（6）在建筑可持续方面，住宅建筑设计应符合居住的可持续性设计原则，应以适应性设计方法实现空间的可变性，并满足下列要求：应以建筑支撑体与建筑填充体进行集成设计与建造；建筑支撑体设计应满足耐久性要求；建筑填充体设计应满足空间适应性要求。住宅单元平面应布局合理、交通枢纽紧凑，并应符合模数协调原则。住宅套型设计应符合下列规定：应保证基本居住空间齐备；主要空间面积应配置适宜；套内生活流线应顺畅，餐厨关系应密切；住宅套内厨房、卫生间等设备设施应配置齐全；套型应满足住户家庭结构变化的需求。住宅应全装修交付，公共部位的装修应达到品质良好，宜采用装配式内装施工方式。住宅室内环境质量应符合下列规定：住宅装修材料应选用节能环保产品；室内空气质量各项指标应符合现行国家标准《民用建筑工程室内环境污染控制规范》GB 50325 的相关规定；住宅声环境指标应符合现行国家标准《声环境质量标准》GB 3096 的 2 类以上规定，以及现行国家标准《民用建筑隔声设计规范》GB 50118 中的二级规定。室内舒适健康环境营造包括：室内噪声白天应控制在小于或等于 45dB（A），夜间应控制在小于或等于 35dB（A）；宜选用低噪声的室内给水排水管道和卫生洁具等产品；应严格作好分户墙和楼板的隔声处理，管道穿过墙体或楼板时应设减振套管或套框，套管或套框内径应至少比管道外径大50mm；居室空间不应与电梯间、空调机房等设备用房相邻；应选用低噪声设备机电系统，设备、管道应采用有效的减振、隔振、消声措施，对产生振动的设备应采取隔振措施。建筑设计应对外围护结构和环境舒适度采取措施，建筑宜设置可调节外遮阳设施；当采用自然通风方式时，居住建筑外窗应具有足够的开启扇面积，并应符合现行国家标准《绿色建筑评价标准》GB/T 50378 的有关规定；当采用机械通风方式时，换气次数不应小于 0.5 次/h；宜采用温湿度独立控制方式进行室内环境调节。建筑应满足有效控制光污染的要求，宜采用防眩光措施；应减少使用玻璃幕墙和浅色金属幕墙；应禁止使用能产生光污染、影响住户的广告灯箱；宜通过调整道路布局、住宅朝向等手法或设置树木、绿化等，避免住区机动车灯光污染。在供暖制冷季节外窗密闭的情况下，应设置可调节的换气装置。建筑设计应采用保温隔热等消除热桥、防止结露和滋生霉菌的有效措施。室内设计应严格控制室内有害空气污染物指标和人造板材等建材有害物指标限量，采用无污染的无机类装饰等绿色建材，室内有害空气污染物控制指标应符合现行国家标准《民用建筑工程室内环境污染控制规范》GB 50325的有关规定。

（7）在管理与生活方面，绿色住区管理应引导居民的绿色生活方式，并应保证住区设施能够得到维护。绿色住区及建筑在设计建造阶段应统筹建筑全寿命期的成本，应建立设计建造与后期管理制度。绿色住区管理宜实现智慧化与智能化管理、同步建设智能基础设施，并应建立住区智能安防体系及运维管理体制。绿色住区在施工过程中应符合现行国家标准《建筑工程绿色施工评价标准》GB/T 50640的有关规定，绿色住区建设应促进社区居民交流，并应符合建立和谐邻里关系的要求；应积极推动公众参与，完善居民参与的管理机制。绿色住区管理应建立绿色教育宣传机制，并应编制绿色住区生活手册，应制订节能、节水、节材、绿化管理制度，并应实施能源资源管理激励机制。绿色住区应确保建筑能效达标，建筑设备运行应可靠稳定。绿色住区环境应保持整齐、美观、洁净，应确保景观水面清洁卫生。绿色住区日常管理应采用无公害病虫防治技术，应规范杀虫剂、除草剂、化肥、农药等化学药品的使用，应有效地控制对土壤和地下水的污染。绿色住区管理宜应用智能化手段对室内空气质量、能源消耗等进行监控，建筑工程、设施、设备、部品、能耗等档案及记录应齐全。绿色住区管理应制订垃圾管理制度，并应采取下列措施：物业管理机构应负责实施生活垃圾资源化利用，应按照生活垃圾分类要求区分"大件垃圾""有害垃圾""可回收物""易腐垃圾"和"干式垃圾"等，并应设置数量合理和方便使用的垃圾分类收集容器；废电池和杀虫剂等"有害垃圾"应设置专门收集容器和相关标志，并应委托有资质的专业机构完成其运输处置工作；纸张、金属、塑料、玻璃和电器产品等"可回收物"应设置专门收集容器或空间，并应组织进行资源化处理；厨余垃圾等"易腐垃圾"应设置专门密闭收集容器，并应委托专业机构采用密闭车辆运送及处理，防止出现泄漏、遗撒和散发臭气。

2.实施路径

着眼于"住区"这一关键环节，将绿色健康的理念从单体建筑向城镇住区领域延伸和扩展，将为我国健康住宅和健康城市建设的衔接搭建起宝贵的桥梁。主要实施路径包括：筑牢社区绿色空间、植入低碳社区措施、建设城市社区安全防线、住区环境健康化改造等内容。在北京市城市更新条例（征求意见稿）中提出五类城市更新范畴，包含：居住类、产业类、设施类、公共空间类和区域综合性，每类范畴对应的更新重点和任务不同，对于绿色健康住区的构建方向应有不同的融合方式。

1）筑牢社区绿色空间

参照社区的物质空间布局，维系场所记忆的精神空间，承载生活体验与交往方式的社会空间。按照五种更新类型进行社区绿色空间的构建。居住类空间增加公共空间的绿地率，选择健康愉悦的彩叶植被，灌木、乔木和草本结合，并综合考虑不同季节的影响，通过不同植被设计尽可能延长植被系列生长期，公共空间降低植被郁闭度，提升动态体验活动空间，与健身设施、宣传栏、服务设施共享社区公共空间，对于建筑本身，提高高层建筑周边的绿植防护功能，通过隔离居民活动预防高空坠物的风险；产业类空间见缝插绿，依托空间使用功能突出立面绿化设计，以花卉、草本植被为主，烘托产业活动的醒目氛围，注重产业功能与居住功能的空间隔离，依托乔木和灌木约束两类空间互访，设置互通走廊，标示空间界限；设施类空间结合绿植进行边界设计，以常青类灌木或低矮乔木为主，凸显设施的服务功能，预留与各类分区的联通通道，辅以绿植，如垃圾收集设施运用半围合绿植隔离，公益宣传类设施结合小区道路绿化带设计，商业类设施结合盆栽花卉烘托，提升购物环境品质，体育健身类设施与社区绿地或花园结合，卫生设施结合小区枢纽区位设计，预留多条通道联通各类功能区，植被以草地为主，不能形成遮挡；公共空间类区域进行公共绿地规划，依托丰富的本土植被，结合文化挖掘和民俗或民间特色进行场景重构，兼顾公共活动、社区服务、城市街区公园功能、社区防疫等复合功能；综合区域性地区，包含公共空间类区域的功能，并兼顾城市形象、城市精神类小品表达，绿植的选择具有区域代表性，空间设计具有文化传承性。

2）植入低碳社区措施

2014年3月，我国的低碳社区试点建设工作由国家发展改革委正式启动。据不完全统计，目前已有22个省域建立了低碳社区试点或示范400余个，多省（区、市）编制了低碳社区试点实施工作方案。对低碳社区开展主要行动和典型做法进行了总结（表5.2-3）。

低碳建设	主要行动与典型做法
低碳理念统领社区建设	编制《社区低碳发展规划》；将低碳元素融入既有的社区规划；制定低碳社区工作计划、提出社区低碳建设目标等；开展社区低碳改造、举办"低碳改造设计大赛"等
低碳文化和生活方式	开展低碳家庭、低碳企业评比等；制作低碳生活指南和低碳手册；推广低碳产品；通过开展"低碳环保单车骑行"活动倡导低碳出行；低碳宣传教育；发放低碳生活指南等；旧物回收利用活动
低碳管理方式	建立低碳社区管理体系并组织定期评估考核；建立旧物交换网络平台等线上平台；数据化、精细化管理；开展家庭碳排放统计调查、编制社区年度温室气体清单等
建筑低碳化改造	建筑外墙、遮阳节能改造等；推广合同能源管理模式；公共区域节能改造；光伏发电、余电上网，推广太阳能供暖设备等其他光伏光热产品
低碳基础设施	合理规划社区布局；建设低碳交通设施、安装投币式电动自行车充电桩等；给水排水设施改造、建立社区雨水收集系统等；社区垃圾处理设施；提升社区供暖效率
优美宜居社区环境	美化自然生态系统，如建立社区"百草园"；实施社区生态环境规划，如生态停车场；建设低碳公共场所

在社区更新建设、健康改造过程中植入低碳措施刻不容缓，各地依次制定配套指导性文件，包括建设指南、工作方案、编制大纲或评价指标体系等内容，之后的实施层面还包括组织建设、实施主体、碳指标发布、创建标准、考核目标、实施路径和长效机制等内容。同时，社区层面植入低碳是个长期过程，应因地制宜，勇于探索创新，进一步提升低碳理念融入社区规划、建设、管理和居民生活的深度，良性发挥社区层面绿色低碳生活方式的引领作用。从社区自治的角度应积极挖掘低碳式创新举措，搭建有效低碳反馈渠道，力争做到增量脱碳、存量减碳、更新建设过程零碳化、更新后空间负碳化。

以北京为例，扩充"绿色范畴"内涵，拓展双碳实施视野，按照双碳实施和腾退要求划定城市更新分层分类分区，建立四圈四碳三类体系。其中，四圈即京津冀、北京市、区、街道办（乡镇）四个圈层范围；四碳即脱碳、减碳、零碳和负碳化分类设计；三类即保留、整治和重建三类更新方案。

首先，在京津冀层面开展京津冀产城融合的环境影响评估与政策指引，推进四个结构倒U形转变，制定双碳分区规划，建立双碳目标空间分区、实施路径、绩效考核机制和时间表，建立区域级碳市场和绿色金融体系，提出增量脱碳和存量减碳阶段目标。

其次，在北京市层面，确保城市建设用地零增长，通过三区三线倒逼城市物质单向流转向循环经济，循环型城市不只是城市再生，而且包括源头的延长寿命和强调生态优先的复合功能。制定双碳空间实施规划，划分增量脱碳区和存量减碳区，建立定量化指标体系，将定量化指标落实到各区国土空间分区规划中，鼓励各区实施低于底线的双碳标准，通过定向津贴和科研经费方式，发动全市科研机构、高校、职校开展低碳创新型技术、工艺、方案、设计类课题研究。结合生态控制红线的实施建立全市碳汇区，推行最严格的约束制度。

再次，在各个区层面，推进城市更新过程零碳化、更新后空间负碳化方案设计，确实难以达标的区与超额完成的区结对实现，建立区际间碳交易、碳目标统筹平台。在城市更新计划中划分保留、整治和重建类分区，区别进行低碳绿色更新。在保留区增加绿植、水系，通过生态化改造，提升减碳、降温、降噪等生态系统服务功能，构建多样化、多尺度化生境保护生物多样性，提升城市生态系统自调节能力；在整治区植入节能减耗，营造健康舒适的社区环境，修补健康设施，营造舒适空间，强化艺术气息，激发社区活力。建构绿色创智型微型孵化平台，植入微小创智产业，打破阻碍交流的社区封闭边界，复兴社区经济，在社区间搭建信息共享桥梁；在重建区施行建筑材料节能低碳、碳排与碳汇持平或碳汇大于碳排的约束手段，从经济耐用、节能节材的角度进行系统评估，减少盲目拆建，实施节约成本为前提的微改造。腾退后各区担负衣食住行各种职能，并带着时代的烙印进行梦幻般的融合，在空间上形成包容的、马赛克式拼贴的建筑形态，讲述着不同时代的首都故事。

最后，在街道办（乡镇）层面，全面落实四碳和三类方案，大力发展15分钟环保生活圈，包括餐饮油烟、噪声、口袋公园、光污染、垃圾回收、充电桩、共享单车、碳知识等方面，并及时上报低碳微基建统计数据、反馈实施中遇到的问题、群众反响和实施进展，分阶段提交双碳及绿色更新实施进展，交流成熟经验，纳入绩效考核机制。依托绿地、公共空间、广告、公益栏、短信、公众号等方式做好宣讲宣传，调动居委会、志愿者、社区居民代表参与低碳绿色治理的积极性，通过广泛的公众参与提高更新过程的民主和法制性。

3）建设城市社区安全防线

城市社区中发生的大量刑事、治安等违法犯罪案件，火灾、交通等安全事故，以及例如新冠疫情、动物侵害等突发性公共卫生事件等，可能造成人员伤亡、财产损害、社会经济混乱或环境退化的后果，也对应对、治理和防范社区安全风险带来了严峻挑战，极大影响了社会的稳定、居民的安全感和幸福感。建设城市社区安全防线应从以下三方面进行考虑。

一是因社区出行规律引发的风险。威胁城市社区安全原因之一是由于居民生活习惯和规律导致出现住宅内无人或少量居民活动期间，小区公共区域活动人员少的情况，再加上社区内安保力量弱、治安巡逻频次低、公共区域视频监控系统不完备等原因造成的社区犯罪风险上升，包括外部和来自内部的后勤人员作案的概率。规避这类风险，应制定安全防线，统筹划分社区安全漏洞的时段，分析安全风险类别，通过健全安保系统、人工化结合智能监控化规避，并且提升安保和后勤人员管理。

二是因城市社区安全防范系统不完善、标准低，城市社区公共环境、建筑、各项设施因历史原因不符合规范等情况造成的安全风险。城市社区是人们日常生活的场所，楼房的社区居民间较平房社区居民间更难以建立良好的邻里关系，尤其年轻的居民对往来的社会人群缺乏应有的戒备心理，由于社区人员流动频繁、社会结构复杂化，邻里关系淡漠、社会责任感低，内部安全风险较高，安全防范意识降低，导致社区安全风险上升。规避此类风险通过健全安保防范系统，通过物业管理体系的建立，提升各个小区内部的安保力量和治安水平，健全小区内部的保安力量、监控设备、防盗门设施等，增进社区邻里交流，提升社区内部安防水平，增强居民日常防范意识和警惕性，从而整体提升社区安全防护水平。

三是增强安全风险宣传，通过宣传栏、公益通告等对影响社区安全事件进行广而告之，借助微信群建立社区互助平台，可以补充安保互助功能，也是保障城市社区安全的重要环节。定期进行社区安全风险评估是社区安全治理的第一步，是建立以社区为本、以社区居民为主体的安全风险管理模式的重要组成部分，目的是评估社区可能面临的各种风险因素及其影响、社区能力及脆弱性，关注社区居民主体面临的风险性质和水平。目前，应用成熟且广泛的安全风险评估方法有很多，包括经验评估法、专家现场询问观察法、专家计分法、层次分析法、模糊层次分析法、马尔可夫模型分析法、模糊综合评价法等。

4）住区环境健康化改造

包括自然环境、健身设施环境、感官环境、心理环境四类健康化改造。①自然环境包含空气、水、光等环境改造措施，在空气环境方面，完善室外空气质量监控设施，将定期及预警期监测到的室外空气质量及时反馈住户。在室外空气质量不佳时，提醒用户减少户外活动；在水环境方面，积极发挥水体在景观设计中具有重要作用，通过合理的雨水规划，将雨水用于绿化浇灌和景观用水，尤其是屋顶雨水的疏散和收集应与住区绿地系统结合，有助于减少水资源消耗，对于再生水的利用应与室外绿化的浇灌设备结合，采用节水型设备，对住区室外环境的水质进行监控，确保人体健康安全，通过直饮水推广改造，可以为户外活动提供安全、方便的饮用水源；在光环境方面，通过完善住区内节能型公共照明、景观灯等光源保证住区照明质量，同时需进行眩光控制改善住区光环境，社区公共空间依托绿植、凉亭，在人员容易聚集的场所，宜提供遮阳设施，减少夏季烈日的直射，有助于高温天气避免中暑、热射病的发生。对于夜间照明，保证灯具使用状态良好，达到照明规范要求，并不被树叶遮挡，确保夜间安全。②在健身设施环境方面，加强健身教育及宣传，通过板报、显示屏、小册子、组织讲座等方式，宣传健身的重要意义及正确的健身方法，同时加强急救知识传播推广，完善补充室外健身场所及设备，为居民提供合适的健身场所及设施，推动全民健身运动。③在感官环境方面，提高社区体验舒适度。a.通过选择合适的室外地面材料、增加绿地、增加遮阳等方式，减少热岛效应，改善室外局部热环境。b.通过尽可能引入夏季的凉风，遮挡冬季的寒风，改善住区风环境。c.通过绿化及必要的措施，尽量减少室外的噪声干扰，为居民营造安静的环境，营造住区舒适的声环境。d.通过遮挡、清除和绿植等环境改良方法去除异味，形成良好的嗅觉环境。e.通过绿植空间设计，动静结合，增强复合功能，充分发挥绿化在卫生、健康方面的作用，健全住区绿化环境。f.室外小品、家具、健身器材等需根据人体尺寸设计，可设置可调整高度的室外家具，符合不同人群人体工程学要求。g.创建全龄型社区，关爱特殊人群，充分考虑无障碍设计的要求，形成可环通的无障碍行动空间。④在心理环境方面，按照美学与自然定律，从环境要素、照明、视野与空间布局等方面着手，注重形式美，并强调与自然的相互结合，结合社区活动中心布置心理健康咨询室，并在日常运营中经常进行心理健康宣传。规划一定数量的交流场地（如室外交流空间、儿童游乐区、老年活动区等），加强住户之间的交流，建设良好、紧密的邻里关系，引入健康信息服务平台或健康信息公众号等自媒体平台，为住户提供无偿服务。

完成住区环境健康化改造后，编制健康住宅和健康环境使用手册，并面向住户免费发放；在日常运营中，需要多渠道、持续地传播与宣传绿色、健康的生活理念。

5.3 住宅健康化改造

1999年，国家住宅与居住环境工程技术研究中心联合建筑学、生理学、卫生学、医学、体育学、社会学和心理学等方面的专家，就居住与健康问题开展研究。在2001年，提出了《健康住宅建设技术要点》，将健康因素划分为居住环境的健康性和社会环境的健康性两大方面来进行研究。《健康建筑评价标准》T/ASC 02—2021于2021年11月1日起实施。国外已有不少关于健康建筑和健康住宅的研究成果，由国际WELL建筑研究所（IWBI）发布的"WELL建筑标准"，是世界上第一部体系较为完整、专门针对人体健康所提出的建筑认证与评价的标准，于2014年10月发布。

5.3.1 住宅实体改造

我国各个城市老旧小区普遍存在建筑性能较差，健康要素欠缺的问题，新冠疫情暴露了社区管理、住宅功能缺失等健康性能短板。有学者通过调查，发现老旧住宅健康性能具体问题主要有：①户型基本卫生条件不足，住户通过加建厨房、卫生间来满足生活需要，但违规加建破坏了历史建筑，也不利于居住安全；②防疫性能弱，洁污分区不明显，流线单一，缺乏消杀空间，交叉感染风险大；③户内空间繁杂，垃圾堆放较严重，大量空间被浪费，住宅内部空间使用混乱，可使用面积少，部分堆放影响日常住户房间采光通风；④全天候设计不足，住宅内工作、健身等空间不足，不利于全天候长时间居家；⑤全龄化设计欠缺。住户以中老年人居多，无障碍设施较缺乏。

通过对老旧小区住宅健康现状评估与居住者需求分析，以全龄化使用、全天候可居家、多风险能应对为原则，建立住宅健康改造框架。

1.建筑框架

加强安全性、节能性、舒适性、健康性改造。优化户型布局，改善厨卫设施，提升室内空间卫生健康性能。室内增设智能设备，包括安保智能门、杀菌喷雾防疫设备、智能体温测量仪、智能马桶与感应水龙头、智能洗碗机、空气净化器等。入户时智能门感应开合，减少居民直接接触门把手的次数；入户后门厅

健康住宅解析

处智能杀菌喷雾自动开启，对居民进行杀菌除螨；悬挂式智能体温测量仪感应式测温，实现可视化的日常体温检测；卫生间采用智能马桶与感应水龙头，减少居民直接接触盥洗设备的频次；厨房内部放置智能洗碗机，对日常餐盘进行杀菌；起居室增加空气净化器，净化室内空气，保证人体健康。改造措施包括增加无障碍坡道、无障碍卫生间、无障碍厨房、低位服务设施等，实现套型全龄化，满足中老年人、残疾人、孕妇、伤患等人群的使用要求。通过占用楼梯间的多余空间、公共厨房以及部分天井来达到改造要求。改造后，天井可作为无障碍出入口，户间走道两端作为无障碍坡道，户内850～900mm高度设置无障碍扶手，户内设置多处直径不小于1.5m的轮椅转弯空间（图5.3-1）。

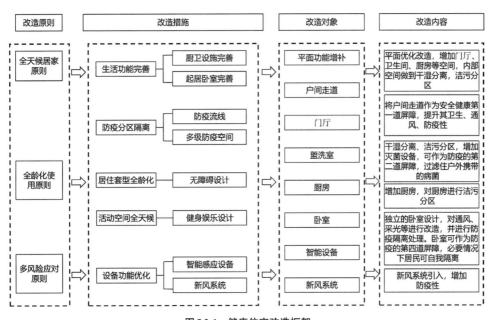

图5.3-1 健康住宅改造框架

2.屋顶

住区建筑的屋顶越来越多地被人们所注意到，但对屋顶的改造大多集中在绿色和节能改造，对于健康主题的改造关注较少，所以屋顶具有较大的健康改造潜力。既有屋顶节能改造的方法有许多种，主要有平屋面改坡屋面、坡屋顶改造、太阳能屋顶、蓄水屋面、通风屋面、采光屋面，此外还可将屋顶改造成绿色屋顶、功能性屋面。健康主题的造型改造除了整体外观的改造，还包括功能加载的潜力评估和系统改造，如承重、透水性、碳汇能力，在压力允许范围内将屋顶改造成生态功能、休闲功能、健身功能空间，如屋顶花园、屋顶菜地、屋顶健身、屋顶游泳池、屋顶水环境、屋顶停机坪（紧急救援功能）等多元复合功能的加载。相比居住小区的集中公共空间，屋顶空间的改造更为便捷和私密，住在此楼居民的日常休闲活动可以在此进行，加强邻里之间的关系。在有限的空间内增加绿色活动空间将有利于缓解人们的精神压力。

3.外墙

2010年上海胶州路教师公寓大火事故后，城建部门开展对既有高层住宅的改造，主要是对高层住宅的消防设施进行排查和更新改造；然后是对既有高层住宅的二次供水进行改造；而对高层住宅的外墙更新改造主要面对节能、减耗、保温和色彩方面，基于健康主题层面的美观、环保和文化等价值类改造缺乏。住宅外墙改造的难点主要是高层建筑，尤其2000年以后大量大面积的高层，甚至超高层建筑在全国广泛开展，国内10年以上高层建筑外墙普遍存在以下问题：一是外墙面局部破损，外贴面局部脱落，保温材料或缺或露，参差不齐；二是外墙因雨水、空调外置架造成的锈迹或腐蚀痕迹，空调室外机架下方普遍有不同程度的水渍，造成建筑整体风貌不佳；三是受不同时期附属各类设施管线的安装影响，外墙包覆不全面，整体性缺乏，难以综合管廊或隐线式改造；四是早期高楼外饰缺乏管理，外置空调、阳台外装、外置晾衣架等各式各样，外观凌乱，影响城市风貌；五是立面绿化缺乏统筹，管理维护滞后。

对于外墙的改造应将功能与风貌结合，预制装配式技术在高层住宅的外墙应用中发展迅速，通过预制集成外门窗、保温隔热等技术，可以综合解决外墙保温层脱落、防火安全与基础墙体同寿命等根本性问题。与预制装配式技术一脉相承的干法施工内装一体化也逐步推广。此外，外墙更新改造主要是满足保温、隔热、防水、防火等舒适性功能使用和安全性问题。在构造上可以按照结构固定、保温层、隔热层、防水透气层、外装饰面层等分层满足不同功能要求来进行设计。外墙更新改造可以采用分层构造预制一体化，合理运用干法施工的保温装饰一体板，是面板与保温材料的复合粘接工艺，采用高浸入渗透技术，将装饰面板与胶粘剂的粘结力提高近两倍，粘结牢固，不易脱落。装饰面板除了各种建筑实体色、金属色以外，还能高仿真天然石材的色彩、花形、图案。采用工厂机械化连续生产，保证了系统的保温、装饰效果，更加安全可靠。局部可以通过社区文化的挖掘，进行文化符号的设计和外墙展示，提升外墙的文化展示功能。

4.阳台

阳台的健康化改造包括分类设计、美化、多功能、节能等，有学者按功能将阳台分为四个类型，"闺阁""后院""楼梯间"，以及"门脸"类（图5.3-2）。

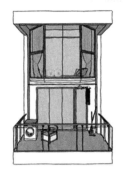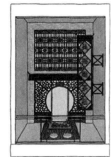

图5.3-2 闺阁、后院、楼梯间、门脸类阳台示意图

前三种类型是隐私类，应增加绿植提升隐蔽性，统一封装或统一安全围栏式，避免各自自由设计；最后一种是商业功能，进行美观、整洁设计，整体风貌与所在街区风格一致，与城市立面管理和公共安全管理要求保持一致。此外，阳台健康化改造还可以面向特定功能拓展，如个性化书房，将较宽较大空间的阳台改造成喝茶、读书、电脑办公的微空间，集休闲、办公、放松于一体，具体可布置书桌、小书架、休闲座椅、精致绿植；对于小户型阳台，可改造成收纳空间，布置吊柜或方形收纳柜，兼顾座椅和置物架功能，置物设计应考虑阳台的承重标准，一般阳台的承重是每平方米400kg左右；较为宽敞的阳台，可将植物围绕整个阳台摆放，盆栽结合攀爬类植物布局，阳台改造成花园，要处理好浇花时防水的问题，可以配上各种花架，如落地式花架、挂墙式花架，甚至是护栏式花架，既能避免漏水，也让花草更有层次感。此外，还有吧台阳台、童趣阳台、绘画阳台等更多个性化阳台设计，应综合考虑承重和排水问题，并符合城建提出的统筹管控规定。

5.3.2 住宅功能改造

住房和城乡建设部发布的行业标准《既有住宅建筑功能改造技术规范》JGJ/T 390—2016自2016年12月1日起实施。住宅健康功能改造主要包括住区景观、舒适宜居、应急功能、生态改造和健康改造。

1.住区景观

突出景观风貌，在住区景观改造设计中，通过对空间进行设计和施工改造，使其达到新景观、新文化、新风貌的效果。在设计时要遵循其使用功能、视觉功能和可持续功能的最大化。住区景观的改造主要包括以下几方面。

一是充分融合硬质景观，合理配置植物要素，充分结合水景、地形、地面铺装等要素，实现植物与"山水"之间的和谐共存，实现现代住宅景观设计与园林风格的融合，将住宅小区内部的水体、山体、建筑风格、园林道路进行风格层面的统一，再对植物要素进行合理配置，实现和谐的景观效果。

二是因地制宜，选择本土绿植种类，不同区域的住宅景观设计需要有不同的考量，住宅小区的入口作为风格形象代表，应当对植物要素进行规则式配置，可选择有着鲜艳颜色的代表性植物。宅下屋前要保证入口处的私密性、通畅性与实用性，并且要关注朝向问题。道路两侧一般选种挺拔、姿态统一的树木，比如银杏、香樟等。屋顶花园必须根据覆土深度、荷载等条件予以科学确定，鉴于屋顶花园面积、土壤深度、水资源等条件，选择保水性高、耐旱的浅根类植物，常见的有石楠、多肉等，还可搭配如迎春、爬山虎等攀缘类植物。

三是营造小生境，建构小微生态系统，搭配不同规格植物，营造科学共生环境。由植物构成的空间一般以平面、立面、视觉感官等为主，同时结合植物高度方面的差异，对植物进行规范处理，体现了住宅景观的新颖性与空间性。而在植物的空间组合中，一般会选择枝条形状较好的乔木进行点缀，所以设计时基本选择孤植，比如银杏、红枫等，当然也会利用丛生苗去表现出更加热烈、亲切的效果，比如丛生朴树等。在室外入口或者园路两旁的景观设计中，一般会选择"对植"设计方式体现规整与平衡，搭配得富有层次感。此外，为了凸显出植物的层次错落感，一般会通过选用不同规格苗木的方式体现，但也要认识到地形设计的重要性。从视觉心理学角度来看，平地带给人们的视觉空间感相对偏弱且单调，因此通过对局部绿地进行起伏微地形的打造，或者是对植物群落进行层次搭配，能够改善视觉空间表现较弱的弊端，增强场景的立体感。

四是注重不同季节植被色彩，营造美观意境。在住宅景观设计中要想凸显意境与体现人文情怀，在对植物要素的配置中，色彩的合理搭配非常关键，植物的色调需要与住宅建筑整体风格匹配，通过明暗对比、冷暖对比的色彩设计，达到相辅相成的统一风格，实现视觉平衡。对植物色彩的巧妙搭配，必须依据区域、功能、光照等因素合理整合。比如，在住宅入口处为了营造出热烈欢迎的氛围，一般会选择色彩明亮的植物进行烘托，小空间区域内营造深远意境时应当选用蓝色、青色等色彩实现效果，植物要素的色彩应用，还需依据其本身质感进行搭配。

五是个性化、差异化设计景观。在对植物要素进行搭配应用时，还要综合考量住宅建筑内部的不同空间与周边场地的功能，在不同空间中搭配不同的景观形态，则要选用与其空间相结合和适应的植物，根据不同年龄层设计不同植被，包括儿童友好型的低矮且色彩丰富的植物，以及老年友好型的宁静氛围的植被空间。植物要素配置除了要体现出服务周边场地的功能以外，还应实施差异化配置设计，既能凸显出住宅项目特色，也能优化居民的居住体验。

2.舒适宜居

突出住宅舒适、宜居性，提升心理健康值，生态宜居住宅也是目前可持续发展战略的一种体现，设计者要顺应时代的发展以及履行自身的职责，保护环境，节约资源，用自身的能力设计出更适合生态宜居的健康住宅，助力"双碳"目标的实现。舒适宜居住宅建设包含改善住宅环保用材、提升住宅宜居水平、彰显社区文化特色、提升长效管护水平、发挥居民主体作用、全面结合自然环境六项任务。

一是改善住宅环保用材。不同区域自然环境以及生态都存在一定的差异性，比如容易出现地震的地方，设计人员要先考虑的材料就是复合压缩板，在保证房屋实用性的同时增加建筑的安全性能。遇到地震，不容易出现更大的损失，甚至在后期可以回收这些材质。选择建筑材料优先选择节能环保、可回收利用的当地建筑材料，既可以提升当地的经济效益还可以减少运输的费用。

二是提升住宅宜居水平，科学合理布局。建筑物周围区域的环境对住宅的能耗以及区域环境舒适度有直接的影响，最突出的是交通框架形态和组织结构会直接影响总体布局以及住宅环境，交通型道路两侧住宅应增加隔离绿化带宽度，生活型道路两侧增加休闲和商业空间，预留停车设施，构建绿地系统与空间环境的自然关联，筑牢人、车、自然流通的框架结构。结合住区形态和尺度，应用相对简单的交通系统，构建小区的"舒适圈"，在布设新设施之前需要充分考虑小区内的通风以及采光情况，这样可以使小区在空间外观以及实用性方面都有很大的改变。在设计住宅时要充分考虑建筑的朝向、采光、空气流通、碳排放、观赏视角等多方面问题，将地理优势、当地自然资源优势充分发挥出来，确保空间布局的有效性以及科学性。

三是彰显社区文化特色。针对居民对多元精神文化需求，以全生命周期服务视角，构建有效文化建设架构。联动居委会、社区组织，形成有效合力，号召和引导广大业主积极参与社区文化建设和社区治理，形成共建、共治、共享格局。基于社区全龄化精神文化需求，构建多元文化建设体系。通过丰富多彩的文化活动，激发住户的生活热情，增强户与户、人与人之间的交流，共同打造安全、舒适、惬意的幸福社区，形成多赢共荣的和谐局面。

四是提升长效管护水平。对住宅必要的配套设施严重匮乏问题，应通过集中整治，有效解决老旧住宅历史欠账，为今后提高管理水平打下良好基础。力争通过财政补贴试点住宅，打造样板工程，发挥示范作用。在市层面构建"区、街道、社区"三级管理网络，各区政府成立老旧小区管理工作领导小组，负责组织实施全区老旧小区管理工作。明确街道责任主体，街道办事处设立老旧小区管理办公室、街道物业管理矛盾投诉调解站，受理调解本辖区包括老旧小区在内的小区管理方面的投诉，检查考评物业服务质量。牵头组织召开业主大会和业主委员会选举。加大财政在老旧小区在房屋维修、公共设施维护、环境绿化养护等方面的投入，解决老旧小区管理经费不足问题，加大综合管理力度，提升管理效果。由各街道选聘一家市场化物业企业，开展第三方服务。

五是发挥居民主体作用。居民自治的关键在于组织程序、自治平台、沟通渠道和反馈机制等内容。通过社区居民选举的程序认可、财政补贴的身份确认以及居民志愿者多重身份的统一，社区居委会发挥对志愿者的组织赋权和吸纳职责，借助居民代表群体完成对社区居民在合作事务上的有效组织和动员。居民自治的重点应该放在为社区匹配善于做群众工作、有能力组织居民实现有限合作的志愿者身上，实现组织化的自治，而不是追求社区组织形式上的自治化。

六是全面结合自然环境。设计人员在设计之前，需要进行实地勘察以及深入分析自然资源，设计应用自然的资源，比如风能、太阳能。设计合理的通风，降低对空调的依赖。对于屋顶、墙面、阳台等，种植藤蔓类的植物，防止阳光直射入室。与当地环境相结合，设计出别具一格的住宅。

3.应急功能

应对突发事件防控，新冠疫情以来，以住区为单元，分楼栋管控发挥了精准防疫的作用。一方面建立10分钟防疫圈，将临时防疫点及其设施与人群集散地结合，如商业网点、卫生网点、体育设施网点等结合布置，将防疫措施纳入居民日常活动；另一方面各个楼栋安装红外无线式测温装置，将检测归于日常。

4.生态改造

除了绿植装饰，生态改造还包括节能环保、低碳设计、活力设计、景观重构等内容。从生态观念出发进行改造，最重要的是给旧住宅注入生命，使住宅"健康"起来。这就要求先对改造的使用方式建立正确的观念，寻求适合它的使用机能并促成它的成功。

总之，生态改造包括六种类型：一是绿色生态改造。绿植植入楼顶、阳台、外墙、楼栋周边等区域，植被选择多样化，兼顾花粉过敏者，可采用少花型绿植。二是生态技术的应用。旧住宅改造中应强调利用技术反映生态效益，体现"少费多用"的思想。倾向于利用高新技术和通过精巧的设计提高对能源和资源的利用效率，减少不可再生资源的消耗，体现生态观念下旧住宅改造对地球资源和环境的保护。三是生态材料的应用。住宅生态改造中所用的材料在使用、解体、再生时不应产生环境污染，对自然材料的使用强度以不破坏其自然再生系统为前提，使用易于分类回收再利用的材料，使用地方建筑材料，提倡使用经无害加工处理的再生材料。住宅生态改造中的低耗高效目标包括对水、阳光、风等自然因素的有效利用，同时应当减少人工的维护和运作。四是社会生态改造。住宅生态改造还包括历史文化层面，即社会生态的维护，更多地关注历史文化，关注人与环境的关系，强调"以人为本"的思想，注重为城市更新创造良好的社会生态，从而成为广泛环境意识的有机组成部分。旧住宅往往是在不同历史背景环境下形成的，反映出特定的历史社会风貌及工程艺术成就。其本身也并非固定的概念，它既包括过去的经验，又包括现在的要求。因而改造既要遵从传统，也要密切关注时代的发展。只有将两者并重，并予以创造性综合，才能创作出真实的与社会文化适应的住宅建筑，包括运用现代技术使其保持与环境的协调适应，以继承地方传统的施工技术和生产技术。五是生态系统改造。住宅生态改造还要融入城市大环境中，从整体环境上考虑，将旧住宅融入城市轮廓线和街道尺度中，并通过对城市土地、能源、交通的适度使用，使之与城市肌理融合。六是原生态保护。对旧住宅环境中的风景、地景、水景的继承，保持城市与地域的景观特色，并创造积极的城市共享新景观，从而达到旧住宅的原有场所精神与环境的重新塑造。住宅生态改造中的原生态保护，应保留居民对原有地域旧房改造的认知特征，保持居民原有的出行、交往、生活方式，并创造城市新的可交往空间，面向城市充分开放，从而保持城市的恒久魅力与活力。此外，居民也应该参与到旧住宅改造与街区的更新中来，让居民参与设计方案的选择，使改造过程与居民充分对话。

5.健康改造

实施健康分区、分类改造，旧住宅大多处在长久沉积的城市环境中，这些环境经多次无序扩建、添加后往往分布杂乱、道路狭窄、环境脏乱，再加上旧住宅本身的设计考虑欠缺，使得旧住宅改造中的健康问题十分突出。皮尔森的自然住宅手册中明确提出为身体健康而设计，改造必须从住宅空间、空气环境质量、热环境质量、声环境质量、光环境质量、水环境质量等方面提高住宅的"健康指数"。柯布西耶的"阳光、空气、绿地"的理想正是这种观念的反映。健康住宅是一个相对完整的人与环境相互影响的系统，在进行老旧小区改造过程中，户外活动区域与居民楼之间也形成一种相互照应的关系。住宅健康改造包括四方面内容：一是住宅环境的优化布局，公共活动区域提升绿地率，在绿化区域中增加健身元素，按照《健康住宅评价标准》要求，绿地分布率需要达到35%以上，促使人居环境与周边自然环境相融合。住宅户外环境改造中要注重自然环境的建设，在对小区户外活动区域进行整体设计时要关注整体可利用，并采取协调措施，扩大人与自然相互融合的可能性，有条件的增设健身活动区域，扩大小区内部或者整个小区环境的可活动性，关注整体小区居民的出户意愿，尤其要顾及老年居民的需求，合理安排活动区域分布。二是改造过程的改良。健康住宅理念要求打造一个相对舒适卫生的居住环境，在改造时要合理使用建设材料，减少相关环境污染。在老旧小区改造的过程中，一定要坚持以人为本的改造理念，充分考虑老旧小区居民对整个活动区域改造的建议，从人自身的活动需求出发，设计安排更多人性化的硬件设备。尤其是在整个改造过程中要注意建设废料的问题，充分利用小区内现有的资源，打造全新的户外活动区域。三是维护原生社区亲和性。健康住宅理念要求住宅环境具有一定的自然亲和性，能够满足居民与自然接触的渴望。四是健康环境设施保障。在健康住宅概念下要注重健康环境的保障，将满足居民的健身娱乐需求作为老旧小区户外活动区域改造的主要目的。在设计小区户外活动区域时要关注整个区域的管理，尤其是绿化处的管理，树木的维护或者休闲区的硬件设施维护。在老旧小区改造中，街道要求每个小区都要进驻物业公司。设计公司可在物业公司的帮助下，收集居民对小区户外活动区域的意见。老旧小区的居民大多数是希望整个小区内的户外活动区域更加丰富化，不能脱离居民开展建设。老旧小区的改造还涉及部分资金投入，政府或者街道在进行老旧小区户外活动区域改造过程中要和居民进行相应的沟通，保证改造工程符合居民的心意。

5.3.3 住宅感知改造

健康感知是指不同住户的感知，直接影响改造重点和改造进程，住宅感知改造主要包括内部和外部两类，内部是不同年龄结构的住户感知，外部是指周边影响，即居民交互性健康感知。

1.老年住户健康感知

实现公平，突出适老性、适幼性，适应全龄型住户要求。首先，我国老龄化问题严重，未来20年将是我国老年人口增长最迅速的阶段。国家和地方层面针对老年人住区的规范标准主要集中在养老设施及建筑方面，如2010年民政部发布的《社区老年人日间照料中心建设标准》（建标143-2010）。现代老年人对身体健康、心理健康和社会交往都有特殊的需求，包括对物理环境和无障碍设施的要求逐步提高，对住区的公共服务设施、公共休闲空间、景观绿化设计等都有特殊的需求，住区的适老化改造涉及基础服务、公共服务设施、交通系统、景观绿化、安全防护等多个方面。

一是适老化设施的改造。增设或者改建居家养老服务站，即中老年人活动中心。增设老年学校，为中老年人开设适合的休闲娱乐课程。完善社区医疗适老服务，设立社区卫生服务站。设计社区居家养老服务中心，为中老年人提供日常照料。

二是慢行交通的改造。疏通道路、改造狭窄路段，保障救护车无障碍通行。车行道交通稳静化设计，将街道空间回归行人使用，在不明显改变住区机动车交通现状的基础上，对街道实施物理限速并建立适老化的交通标识系统。消除道路高差，对改造步行道铺装，步行道路铺装可采用比较粗糙的材质增强防滑作用，塑胶地面可减轻中老年人不慎摔倒时受到的伤害，保证中老年人的健康安全，通过不同的铺装形式和颜色为中老年人提供周边环境变化的信息，步行道增设休憩设施。步行道沿线选择合适地点增设休息场所和座椅，为中老年人休闲运动时提供休息空间。

三是活动空间的适老化改造。根据老人的需求特点，住区室外活动环境的适老化改造需要交往性和半私密性相结合，满足中老年人交往、健身和休憩的多层次需求。如小广场、住区出入口、住区商业门口等地点增加座椅、无障碍设施等，为中老年人打造生活交往的空间。增设或者改造提升住区内的健身活动空间，增设健身步道。结合交往空间、健身空间、绿化空间组合设计，为中老年人晒太阳、观赏自然、聊天逗乐等营造休憩的空间。

四是景观环境的适老化改造。在住区景观空间改造过程中，要结合中老年人的综合需求，在保留住区原有景观空间和基本功能的基础上，丰富绿植种类，营造不同尺度的景观环境，增设文化景观小品。

五是增加适老化安保设施。增设监控，消除安全盲区，应对急救处理，完善无障碍标识系统，增强中老年人对住区的归属感和安全感。标识系统的设计要适当采用较大的尺寸，考虑中老年人视力较差的身体特点。完善照明系统，选择暖色系的照明设施，避免光源直接暴露在外的灯具，防止眩光。

2. 儿童友好型健康感知

结合儿童的特点，儿童友好型健康感知一般包含趣味性、教育性和安全性。其中，趣味性通常依托鲜艳的色彩、卡通的外形、游戏型设施、丰富的环境，在住宅周边空间设置儿童型活动空间，融合鲜艳的色彩和儿童型游乐设施；教育性表现在寓教于乐，儿童空间设计选择正能量、励志型、传播爱国主义精神的文化表达，可以是雕塑、宣传画或者儿童锻炼型设施；安全性包括地面和环境安全，地面塑胶防摔，植被选择低矮不带刺并且没有果实的类型。住宅本身也要进行儿童友好型健康感知研究，各地发生的电梯、护栏等儿童危机事件起到警示作用，老旧住宅应从儿童感知视角进行潜在风险排查，包括破损楼梯台阶、楼道公共空间松动的窗户或护栏、具有安全漏洞的楼顶通道以及电梯间的及时监控。

3. 促进居民交互性的健康感知

邻里交互、和谐共生是提升住区社会环境的基础，良好的住区环境保障小区整体的交互性、同栋楼内能够拥有一定交互性、邻近楼层能够拥有一定交互性、同楼层内需要保持一定交互性等，让社区邻里可以真正实现空间交互性。在建筑的入口处，科学拓展，成为半室外、半室内式的围合空间，保障同层交互性，尤其对于共享餐厅和厨房的老旧住宅更为重要。保障同栋楼交互性。可以尝试让用户获得楼顶的共享式花园，为居民提供"独门独户"之外的便利公共空间，为其交流提供空间环境。对于不同功能的建筑之间可以加强联系，如住宅建筑与商业建筑或办公建筑之间，各建筑楼可以构成一类联系回廊，让交互性得以实现。小区的交互性，确保让人车实现分流，并让社区的交通体系可以更为慢速，借助细化分层公共社区实际环境的方式让居民实现大流量交互，满足住区的交往需求。

［1］罗新宇.板式小高层住宅管井设计[J].给水排水，2008（03）：96-98.

［2］吕俊华，彼得·罗，张杰.中国现代城市住宅1840—2000[M].北京：清华大学出版社，2003.

［3］上海市住宅发展局.2002上海住宅空调外机设置设计图集汇编[M].北京：中国建筑工业出版社，2003.

［4］吴良镛.人居环境科学导论[M].北京：中国建筑工业出版社，2001.

［5］杨小东.普适住宅[M].北京：机械工业出版社，2007.

［6］建设部住宅产业化促进中心.中国住宅工程质量[M].北京：中国建筑工业出版社，2007.

［7］张宏.性·家庭·建筑·城市：从家庭到城市的住居学研究[M].南京：东南大学出版社，2002.

［8］周燕珉，等.中小套型住宅设计[M].北京：知识产权出版社，2008.

［9］刘盛现.人体工程学与室内设计[M].北京：中国建筑工业出版社，2004.

［10］何小佑，谢云峰.人性化设计[M].南京：江苏美术出版社，2001.

［11］柴文刚，穆亚平.人类功效学及在收纳类家具设计中的应用[J].西北林学院学报，2006（3）：78-79.

［12］唐雪峰.基于绿色生态住宅的室内环境设计可控性分析[J].环境与发展，2018，30（3）：134-135.

［13］崔二叶.试论绿色生态住宅室内微环境建筑设计研究[J].建筑设计管理，2016，33（4）：39-42.

［14］李志铮.绿色建筑与声环境[D].北京：清华大学，2014.

［15］陈仲林，刘炜.健康照明设计探讨［J］.灯与照明，2003，27（4）：15-16.

［16］中国照明学会.2010—2011照明科学与技术学科发展报告［M］.北京：中国科学技术出版社，2011.

［17］中华人民共和国住房和城乡建设部.民用建筑供暖通风与空气调节设计规范：GB 50736—2012［S］.北京：中国建筑工业出版社，2012：6.

［18］张宇峰，陈慧梅，王进勇，等.我国湿热地区使用分体空调建筑的热舒适与热适应现场研究（2）：适应行为［J］.暖通空调，2014，44（1）：15-23.

［19］中华人民共和国住房和城乡建设部.民用建筑热工设计规范：GB 50176—2016［S］.北京：中国建筑工业出版社，2016：12.

［20］中华人民共和国住房和城乡建设部.民用建筑室内热湿环境评价标准：GB/T 50785—2012［S］.北京：中国建筑工业出版社，2012：39.

［21］朱颖心.建筑环境学［M］.北京：中国建筑工业出版社，2010.

［22］郭霭春.黄帝内经素问校注语译［M］.天津：天津科学技术出版社，1999.

［23］宋琪.被动式建筑设计基础理论与方法研究［D］.西安：西安建筑科技大学，2015.

［24］沃尔夫·劳埃德.建筑设计方法论［M］.北京：中国建筑工业出版社，2012.

［25］郭璞.葬经［M］.北京：新潮社文化事业有限公司，2001.

［26］杨柳.建筑气候学［M］.北京：中国建筑工业出版社，2010.

［27］王鑫.略谈建筑气候设计［J］.华中建筑，2002（4）.

［28］Eriksen，K. E. et al. Active house–the guidelines.Active House Alliance［Z］. 2011.

［29］张宝心.主动式建筑适宜性研究［D］.济南：山东建筑大学，2017.

［30］Beck W. Solar Shading in Active House［J］. 2013.

［31］刘东卫.装配式建筑系统集成与设计建造方法［M］.北京：中国建筑工业出版社，2020.

［32］建筑环境学［M］.北京：中国建筑工业出版社，2001.

［33］林宪德.绿色建筑［M］.北京：中国建筑工业出版社，2011.

［34］刘加平.绿色建筑概论［M］.北京：中国建筑工业出版社，2012.

［35］Zhang N，Chen W Z，Chan P T，et al. Close contact behavior in indoor environment and transmission of respiratory infection［J］. Indoor Air，2020，30：645-661.

［36］谢晗.高层住宅室内噪声调查与控制［D］.合肥：合肥工业大学，2017.

［37］谢云.住宅楼给排水噪声的解决措施分析［J］.建材与装饰，2017（37）：35-36.

［38］钟丹，周拥军.谈城市住宅声环境污染与控制［J］.山西建筑，2016，42（27）：171-173.

［39］陈维伟.房屋整体坚固性和旧房改造系列讲座（续3）外墙抹灰及砖墙防潮层失效修

缮 [J].建筑工人，2013，34（4）：48.

[40] 简忠际.房屋建筑地基基础工程施工技术探究 [J].住宅与房产，2017（27）：174.

[41] 张玥，杨士通.建筑物防潮层无损修复技术 [J].天津科技，1999（3）：45.

[42] 路国忠.防潮型石膏砌块用水性防水剂的研制 [J].新型建筑材料，2012，39（7）：49-52.

[43] 吴浩然，张彤，孙柏，等.建筑围护性能机理与交互式表皮设计关键技术 [J].建筑
师，2019（6）：25-34.

[44] 国家住宅与居住环境工程技术研究中心、中国建筑设计院有限公司.健康住宅评价
标准：T/CECS 462—2017[S].北京：中国计划出版社. 2017.

[45] 胡文硕.理想的家——中国健康住宅研究与实践 [J].城市住宅，2021，28（6）：80-85.

[46] WOWA绿建节能事务所.建筑外表皮形态与生态的双重表达 [Z]. 2022.

[47] 橙贰原创Anna.参数化做表皮设计，立面就该这么技术流！[Z]. 2022.

[48] 零碳达人立青.BIPV经验借鉴：介绍6个非凡的建筑光伏立面！绿建节能方向标
[Z]. 2022.

[49] 沈林坤.建筑节能设计——幕墙设计的节能和环保 [J].城市建设理论研究，2012.

[50] 张磊.如何打造国家健康住宅新典范.“引领健康人居，构建美好生活”线上峰会导
语 [Z]. 2022.

[51] 王懿.装配式被动房：节能健康生活理念下的小住宅建筑研究 [J]建筑与文化，2020
（9）：27-29.

[52] 李张怡，刘金硕.双碳目标下绿色建筑发展和对策研究 [J].西南金融，2021（10）：
55-56.

[53] 冯晶，王暄，魏巍.对新时期城市更新的认识与思考 [J].建设科技，2022（11）：20-23.

[54] 王蒙徽.实施城市更新行动 [N].人民日报，2020-12-29.

[55] 唐燕，杨东，祝贺.城市更新制度建设：广州，深圳，上海的比较 [M].北京：清华
大学出版社，2019.

[56] 洪梅芬.社区健身忙 健康带回家 [N].解放日报，2000-11-27（1）.

[57] 周炜.社区健康保健服务系统 [Z].上海市：上海金仕达卫宁医疗信息技术有限公司，
2002.

[58] 熊则鑫.健康导向下的单位型老旧住区外环境优化策略研究 [D].西安：西安建筑科
技大学，2021.

[59] 燕妮，高红.国内老旧小区治理研究现状与热点主题分析——基于CiteSpace知识图
谱的可视化分析 [J].哈尔滨市委党校学报，2019（3）：58-63.

［60］王梦，汤羽扬，李雪华.治理视角下老旧小区更新困境与策略研究[J].北京规划建设，2022（3）：91-95.

［61］国务院办公厅关于全面推进城镇老旧小区改造工作的指导意见[J].中华人民共和国国务院公报，2020（22）：11-15.

［62］詹思佳.老旧小区换新颜"改"出美好新生活[N].银川日报，2021-12-03（3）.

［63］王彬武.老旧小区有机更新的政策法规研究[J].中国房地产，2016（9）：57-66.

［64］梅耀林，王承华，李琳琳.走向有机更新的老旧小区改造——江苏老旧小区改造技术指南编制研究[J].城市规划，2022，46（2）：108-118.

［65］王瑞.北京市老旧小区改造存在问题及应对策略[J].江西建材，2022（5）：260-261.

［66］童彤.加速老旧小区改造惠民生扩内需[N].中国经济时报，2022-06-30（002）.

［67］王飞，郭君君.城镇老旧小区改造标准适宜性研究及对策建议[J].建筑与文化，2022（7）：116-117.

［68］李婧.住区建成环境对居民健康活动行为的影响研究——以北京上地—清河地区为例[D].天津：天津大学，2016.

［69］中国共产党中央委员会，中华人民共和国国务院."健康 中国 2030"规划纲要[J].中国实用乡村医生杂志，2017（7）：1-12.

［70］邬浩东，穆艳娟，王建飞.既有住区环境满意度和绿色健康化改造需求分析与对策——以厦门市为例[J].福建建筑，2022（6）：11-14.

［71］宋建明.色彩设计在法国[M].上海：上海人民美术出版社，1999.

［72］Boothroyd P，Eberle M. Healthy communities what hey are how they，remade[EB/OL].CHS Research Bulletin Vancouver UBC Center for Human Settlements 1990（August）.[2011-03-03]. http：//www.chs ube ca/auarchives/files Healthy-Communities pdf.

［73］杨立华，鲁春晓，陈文升.健康社区及其测量指标体系的概念框架[J].北京航空航天大学学报（社会科学版），2011，24（03）：1-7.

［74］刘宇芳，邹阳，范茜，等.基于健康视角的城市宜居社区评价指标体系构建[J].建设科技，2022（10）：34-38+47.

［75］吴莹."健康中国"战略下的健康社区营造[Z].中国社会科学网，2020.

［76］生态环境部.中国应对气候变化的政策与行动2018年度报告[R].2018.

［77］付琳，杨秀，狄洲.我国低碳社区试点建设的做法、经验、挑战与建议[J].环境保护，2020，48（22）：62-66.

［78］李晶.基于攻击树模型的城市社区安全风险评估研究[J].法制与经济，2021，30

（10）：68-73.

［79］李品，陈易.既有住区室外环境健康化改造研究——以上海同济新村为例[J].住宅
　　　科技，2018，38（11）：21-27.

［80］刘炜，邓锐.重大疫情背景下近代住宅健康性能改造设计研究——以武汉新成里为
　　　例[J].建筑与文化，2021（12）：143-145.

［81］邵征，颜宏亮.上海既有高层住宅外墙更新改造调研与分析[J].住宅科技，2018，38
　　　（11）：17-20.

［82］胡兴，李保峰.城市居民楼阳台非正规性改造研究与介入[J].建筑创作，2020（3）：
　　　222-229.

［83］祝溪.植物要素在住宅景观设计中的应用[J].四川水泥，2022（6）：159-161.

［84］"5+6+5"社区文化建设模式[J].中国物业管理，2022（6）：87.

［85］崔秀芹.江苏南通老旧住宅小区管理创新研究[J].住宅与房地产，2021（3）：29-30.

［86］袁明宝.组织与合作：基层社区半正式治理体系下的居民自治构建[J].武汉科技大学
　　　学报（社会科学版），2022，24（4）：387-394.

［87］王仙桃.既有住宅生态改造与利用实践探讨[J].住宅科技，2014，34（4）：31-34.

［88］张颖怡，陈彤.健康住宅理念下的北京老旧小区户外活动空间改造研究[J].新型工业
　　　化，2021，11（6）：36-37.

［89］何瑞金.大型商贸城空间与形态规划设计策略——以湘北国际商贸城项目为例[J].
　　　新型工业化，2020，10（8）：173-175.

［90］赵万民，方国臣，王华.生活圈视角下的住区适老化步行空间体系构建[J].规划师，
　　　2019，35（17）：69-78.

［91］史景瑶.新时代背景下既有住区适老化改造研究[J].住宅产业，2022（6）：32-
　　　35+50.

［92］曲青青.提高社区邻里空间交互性的居住区规划探索[J].住宅与房地产，2021（4）：
　　　75-76.